国网上海市电力公司
电力专业实用基础知识系列教材

电力系统分析基础

国网上海市电力公司人力资源部　组编

内 容 提 要

《国网上海市电力公司电力专业实用基础知识系列教材》以“理论够用、工作实用、上海特色”为宗旨，旨在开发一套理论知识与电力生产实际相融合的实用型教材，以期帮助电力企业各类生产岗位员工，特别是新进员工，提升电力专业知识水平，助力企业员工成长。

本册教材为《电力系统分析基础》，全书共七章，主要内容包括电力系统基本概念、电力系统数学模型、电力系统潮流计算、电力系统无功功率平衡和电压调整、电力系统有功功率平衡和频率调整、电力系统短路和短路电流计算、电力系统稳定性分析。全书内容丰富，尤其注重电力系统基本理论、基本方法与实际运行系统相融合，辅以大量实例、图片作为支撑，论例结合紧密，阐述简明，重点突出。

本书可作为电力从业人员通识教育培训教材，也可作为高等院校相关专业师生的教学参考书，还可供从事电力工程领域工作的相关技术人员参考。

图书在版编目（CIP）数据

电力系统分析基础 / 国网上海市电力公司人力资源部组编. —北京：中国电力出版社，2020.12（2024.9 重印）国网上海市电力公司电力专业实用基础知识系列教材

ISBN 978-7-5198-5057-9

Ⅰ. ①电… Ⅱ. ①国… Ⅲ. ①电力系统—系统分析—教材 Ⅳ. ① TM711

中国版本图书馆 CIP 数据核字（2020）第 194036 号

出版发行：中国电力出版社
地　　址：北京市东城区北京站西街 19 号（邮政编码 100005）
网　　址：http：//www.cepp.sgcc.com.cn
责任编辑：陈　硕　（010-63412532）
责任校对：黄　蓓　王小鹏
装帧设计：赵珊珊
责任印制：吴　迪

印　　刷：北京锦鸿盛世印刷科技有限公司
版　　次：2020 年 12 月第一版
印　　次：2024 年 9 月北京第三次印刷
开　　本：710 毫米 ×1000 毫米　16 开本
印　　张：15.25
字　　数：209 千字
定　　价：82.00 元

《国网上海市电力公司电力专业实用基础知识系列教材》

编 委 会

本书编写组

随着国家电网有限公司“建设具有中国特色国际领先的能源互联网企业”战略目标的实施，对公司员工专业素质的要求不断提高。为进一步提升公司员工，特别是新进员工，对电力专业的基础性认知和必备理论的掌握水平，国网上海市电力公司自2017年起，组织技术技能专家及培训教学专家，历时三年，编撰了“国网上海市电力公司电力专业实用基础知识系列教材”。

该套教材以“理论够用、工作实用、上海特色”为宗旨，在内容编排上，坚持理论与实践的辩证统一，以理论够用为度，特别注重工程实例的融合，以使理论基础更好地服务于电力生产；在写作方式上，深入浅出，阐述简明，可读易懂；在素材收集上，锁定上海特大城市电网的特色，地域特色鲜明。本套教材是技能实训教材的理论基础，是高校理论教材的实践应用，书中每章均以小结对主要内容加以归纳，典型例题指导读者实践基本方法，习题与思考题供读者练习并进一步领会重要理论和方法。

本书编写组负责全书编写、统稿。本书在编写与出版过程中，得到了国网上海市电力公司多位领导、专家的指导与帮助，在此表示衷心的感谢。

限于编者的水平，书中不足之处在所难免，恳请各位读者提出宝贵意见。

编　者

2020年8月

目录

CONTENTS

第1章 CHAPTER ONE 01

电力系统基本概念

保障电力系统的安全稳定运行是电力安全生产的重中之重，电力系统基础知识是电力从业人员必备的理论储备。本章将围绕电力系统的基本概念展开，逐一介绍电力系统的基本组成、电能质量、电源、网架结构、电力负荷、电力系统运行的特点和要求等基本知识，旨在让读者对电力系统有一个整体而系统的认识，从而为后续章节内容的学习打下基础。

1.1

电力系统基本组成

电力系统是指生产、输送、分配、消费电能的有机整体，其由发电机、变压器、电力线路和各种电气设备组成。通常，电力系统中直接用于生产、输送和分配电能生产过程的高压电气设备，称为一次设备；电力系统中对一次设备的工况进行监测、保护、控制的辅助性电气设备，称为二次设备。

电力系统可以分为电源、电力网（简称电网）和电力负荷三大部分。

（1）电源是指将其他形式的能量转换为电能的装置，如发电机等。

（2）电网即为各电压等级的变电站和电力线路共同组成的电网络。发电厂生产的电能，通过升压变压器升压后，经输电线路远距离输送电能至负荷中心，再经降压变压器降压后，通过配电线路分配给用户。电力系统、电网的示意图如图 1–1 所示。

输电网与配电网共同组成了电网。输电网主要承担输送电能的任务，配电网主要起到分配电能的作用。

传统输电系统为交流输电系统，近年来随着电力电子技术的发展，直流输电得到了实际应用。直流输电系统由换流设备、直流线路以及相关的附属设备组成，通常嵌入在交流电力系统内或者在两个交流电力系统之间。直流输电系统的示意图如图 1–2 所示。

目前，我国正大力建设特高压交、直流互联电网，包括 1000kV 特高压交流输电和 ±800、±1100kV 特高压直流输电两种形式。根据我国未来电力流向和负荷中心分布的特点以及特高压交、直流输电的特点，在我国特高压电网建设中，将以 1000kV 交流特高压输电线路为主形成特高压骨干网架，以实

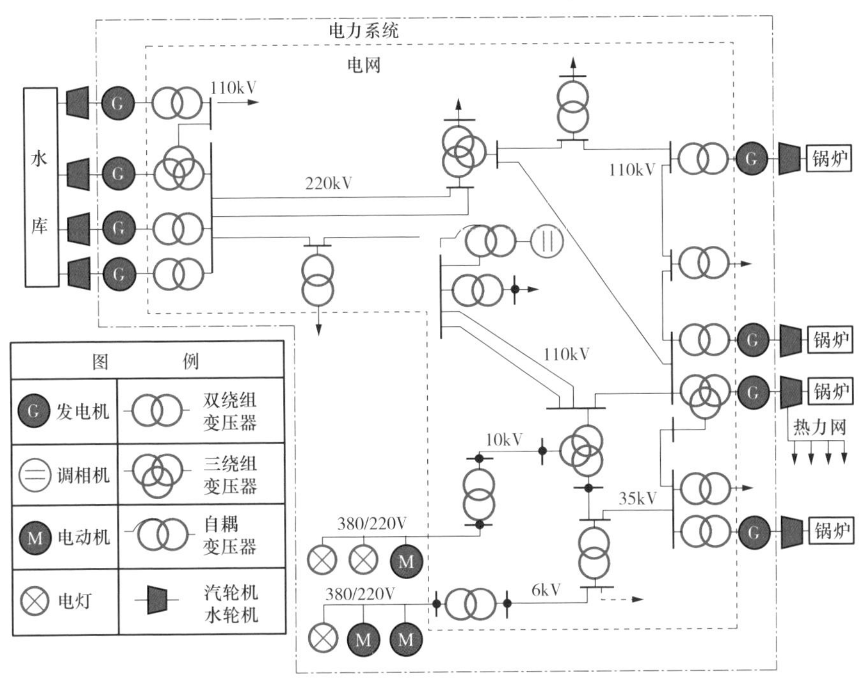

图 1–1　电力系统、电网示意图

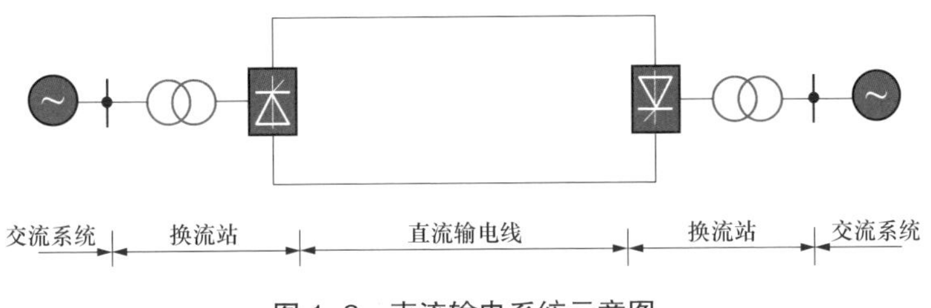

图 1–2　直流输电系统示意图

现各大区域电网的同步强联网；特高压直流输电线路则主要用于远距离，中间无落点、无电压支持的大功率输电联络。

（3）电力负荷主要指消耗和使用电能的用电设备，如电灯、电动机等。

1.2 电能质量

理想的电力系统应以恒定的频率和正弦波形按规定的电压水平对用户供电。但由于系统各元件（发电机、变压器、线路等）参数并不是理想线性或对称的，负荷性质各异且随机变化，加之外来干扰、检修操作和各种故障等因素，这种理想状态在实际当中并不存在，由此产生了电能质量的概念。

电能质量即电力系统中电能的质量。理想的电能波形应该是完全对称的正弦波，但实际因素的影响会使波形偏离对称正弦，由此出现了电能质量问题。电能质量问题，即导致用电设备故障或不能正常工作的电压、电流或频率的偏差问题，其内容包括电压偏差、电压波动与闪变、三相不平衡、暂时或瞬态过电压、波形畸变与谐波、电压暂降与短时间中断等。电能质量是衡量电网安全稳定运行的重要指标，而影响电能质量的两个最重要的指标就是电压和频率。

1.2.1 频率

我国规定，电力系统的额定频率为50Hz，也就是工业用电的标准频率（简称工频）。在额定电压和额定频率下运行时，电气设备具有最佳的技术性能和经济效果。同一电压等级下，各种电气设备的额定电压并不完全相等，为了使各种互相连接的电气设备都能运行在较有利的电压下，各电气设备的额定电压之间需要相互配合。

电力系统的频率特性主要包括负荷的频率特性（负荷随频率的变化而变化）和发电机的频率特性（发电机组的出力随频率的变化而变化），与网络结构（网络阻抗）关系不大。非振荡情况下，同一电力系统的稳态频率是相同的，电力系统的频率可以集中调整控制。

1.2.2 电压

电力线路的额定电压和系统的额定电压相同，也称为网络的额定电压，如 220kV 网络等。作为电源，发电机的额定电压比线路的额定电压高 5%。变压器的一次侧即功率输入侧，相当于用电设备，其额定电压等于用电设备的额定电压；二次侧即功率输出侧，相当于电源，其额定电压比线路的额定电压高 10%。

常用的额定电压等级见表 1–1。

表 1–1 常用的额定电压等级

电气设备额定电压（kV）	发电机额定电压（kV）	变压器额定线电压（kV）	
		一次侧	二次侧
3	3.15	3 及 3.15	3.15 及 3.3
6	6.3	6 及 6.3	6.3 及 6.6
10 —	10.5 15.75	10 及 10.5 15.75	10.5 及 11 —
35	—	35	38.5
66	—	60	66
110	—	110	121
220	—	220	242
330	—	330	363
500	—	500	—
750	—	750	—
1000	—	1000	—

注 变压器二次侧接 380V 低压配电网时，其二次侧额定电压为 400V。

电力系统的电压特性与频率特性不同，各节点的电压通常情况下不完全相同，这是由于各区内的有功和无功供需平衡情况不一致，也与网络结构（网络阻抗）有较大关系。电压一般不能全网集中控制，而是采用分层分区、就地平衡的调控策略。

1.3 电　源

电网中电源主要分为内部电源和外部电源两类。内部电源主要指管辖区域内部的发电厂，包括火电、水电、风电、光伏等。外部电源主要指接入本地电网的外来电源。

1.3.1 电源接入电网的原则

为了维持电力平衡，电源接入电网时要遵循分层、分区、分散的基本原则。

所谓分层，就是按照电压等级合理安排不同容量的电厂，最高一级电压等级电网应直接接入必要的主力电源，使之成为全系统的共同电源，提高效率。

所谓分区，就是根据不同区域的几个受端系统和联络线进行合理安排，形成一个供需基本平衡的区域。

所谓分散，就是外部电源要分散配置，主要是为了避免一组送电回路容量过于集中，也就是说每一组送电回路最大输送功率所占受端系统总负荷的比例不应过大，即使失去这个支路的电源，也不给全系统带来灾难性的后果。

近年来，分布式电源凭借其经济性、环保性、可靠性以及所具有的调峰作用，在电源系统中所占比例越来越大。下面以分布式电源中光伏入网的技术要求为例，详细介绍电源入网的基本原则。

（1）分层。对单个并网点，光伏电源的接入电压等级应遵循安全性、灵活性、经济性的原则，根据电源容量、发电特性、导线载流量、上级变压器及线路可接纳能力、用户所在地区配电网情况，经过综合比选后确定，详见表 1–2。

表 1–2 光伏电源接入电压等级一般原则

单个并网点容量	并网点电压等级	接入总容量
8kW 以下	220V	不超过上级 10kV 配变或线路输送容量
300kW 以下	380V	不超过上级 10kV 配变或线路输送容量
300kW~6MW	10kV	不超过上级 110（35）kV 变压器或线路输送容量
6MW 以上	10、35kV 或 110kV	—

（2）分区。光伏电源可以专线或者 T 接方式接入系统，若高低压均具备接入条件，优先采用低压接入。

（3）分散。接有光伏电源的配电台区，不得与其他台区建立低压联络（配电室、箱变低压母线间联络除外），以防止非计划性孤岛现象。

接入方案、信息采集、继保配置等应符合相关运行规程和安全标准。同时，其与公用电网连接处的电压偏差、谐波、三相不平衡度等电能质量指标也要满足国家标准。

1.3.2 上海电网的电源布局

上海电网的发电厂以燃煤和燃天然气的火力发电为主，兼以一定容量的生物质能等新能源发电，部分企业和园区设有自备热电汽“三联供”发电厂，依沿海地理优势设置了部分风力发电场，为满足城市垃圾处理的需要，设置了若干垃圾焚烧综合利用发电厂。

上海500kV主网呈双环网运行，220kV电网采取分区运行，网架结构坚强。并网发电厂按其规模分层布置在不同的电压等级，500kV电网主要接入单机装机容量600~1000MW的大容量燃煤发电厂，220kV电网主要接入单机装机容量300~660MW的中等容量燃煤及天然气发电厂，110kV及以下电网主要接入风电场、垃圾焚烧电厂及“三联供”电厂等各类小型发电企业。发电厂在上海各区域均有分布，燃煤电厂主要坐落于东北面长江沿线、南面杭州湾沿线以及黄浦江沿线；天然气发电厂分布在南北面沿江沿海地区；风电场基本坐落于东南和东北沿海地区；垃圾焚烧及“三联供”等小容量电厂较为分散，分布于城市各区域。

上海电网对外受电联络通道为500、1000kV交流通道以及 ±500kV超高压直流、±800kV特高压直流通道。交流通道分别与江苏电网和浙江电网互联，特高压直流与西南电网，超高压直流与华中电网互联。上海电网外来电成分也非常复杂，既有煤电、核电，又有四川和湖北三峡的水电，还有宁夏、新疆等西北风电的清洁能源电力。

电力系统网架结构

本节将从输电网和配电网两方面分别介绍电力系统的主流网架结构。

输电网的主要任务是将大容量发电厂的电能可靠而经济地输送到负荷集中地区，其通常由电力系统中电压等级最高的一级或两级电力线路组成。用于连接远离负荷中心地区的大型发电厂的输电干线和向缺乏电源的负荷集中地区供电的输电干线，常采用双回路或多回路。位于负荷中心地区的大型发电厂和枢纽变电站一般是通过环形网络互相连接。

配电网的主要任务是分配电能。其电源点是发电厂（或变电站）相应电压等级的母线，负荷点则是低一级的变电站或者直接为用电设备。配电网络采用哪一类接线，主要取决于负荷的性质。实际电力系统的配电网络比较复杂，往往是由各种不同接线方式的网络组成的。

上海电网是我国典型的特大城市电网，处于华东电网的受端位置，是全国负荷规模最大、密度最高的城市负荷中心。截至 2019 年底，上海 500kV 及以上主网对外的联络通道为“五交四直”，整体为双环网和南北半环共同构成主网网架。220kV 电网以 500kV 变电站为中心，配合分区内部的大容量发电厂，形成多个大分区电网，各自独立成片运行。上海电网 220kV 及以上系统电气联系紧密，交直流耦合关系强，是一个特高压交直流电网协调互联、多直流馈入的大受端电网。

1.4.1 输电网网架结构

1. 500kV 主流网架结构

500kV 电网普遍采用的结构形式主要有环形结构和网格形结构。

环形结构的特点是环网上变电站间相互支援能力强，便于从多个方向受入电力，便于采取解环或扩大环网的方式调整结构。环形电网在形态上可分为单环网、C（U）形环网（半环网）和双环网，分别对应城市电网发展的不同阶段。

网格形结构的特点是线路短、相互支援能力更强、网架坚固，便于多点受入电力；缺点是短路电流难以控制，难以通过采取解列电网的措施控制事故范围。网格形电网从形态上可分为日字形、目字形、田字形和网络形，由围绕城市多个中心区或多个城市的 500kV 环网叠加而成。

2. 220kV 主流网架结构

当最高电压等级（如 500kV）环网运行且网架坚强，为确保电网结构优化，低一电压等级（如 220kV）电网应分区规划和运行，分区间保持合理联络和支援。

电网分区应符合三个接线原则：

（1）可靠性原则。在 220kV 电网的分区结构中任何一个负荷点至少应有 2 个及以上的供电渠道。

（2）经济性原则。系统走廊与输电线路及其相关建设运维费用尽可能低。

（3）灵活性原则。系统结构能适应电力系统的近、远景发展，便于过渡，方便调整。

220kV 电网分区结构主要有独立分区结构和互联分区结构两种。

（1）独立分区结构：单座 500kV 变电站对应多座 220kV 变电站的分区结构，主要有双链、双辐射、环网三种结构，如图 1–3 所示。

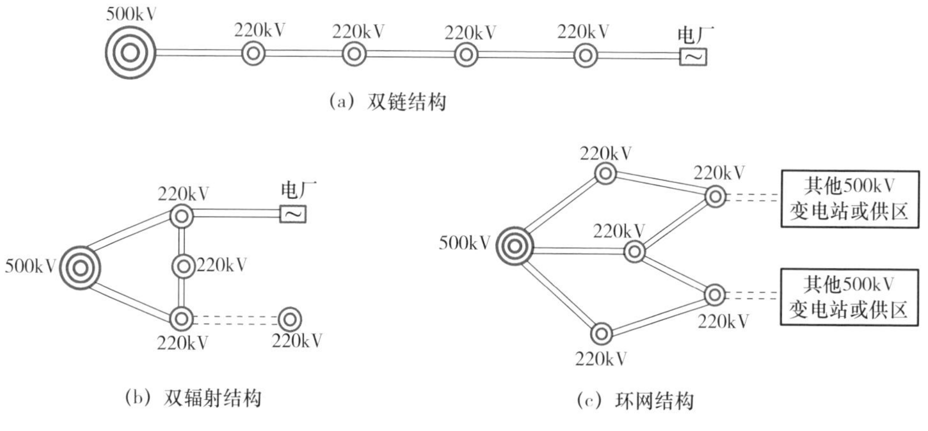

图 1–3 220kV 电网独立分区结构示意图

（2）互联分区结构：两个及以上 500kV 变电站作对应多座 220kV 变电站，各分区之间在正常方式下相对独立，事故情况相互支援，主要分为双链、球拍、哑铃、双孔环网四种结构，如图 1–4 所示。互联分区内部宜采用环网运行。

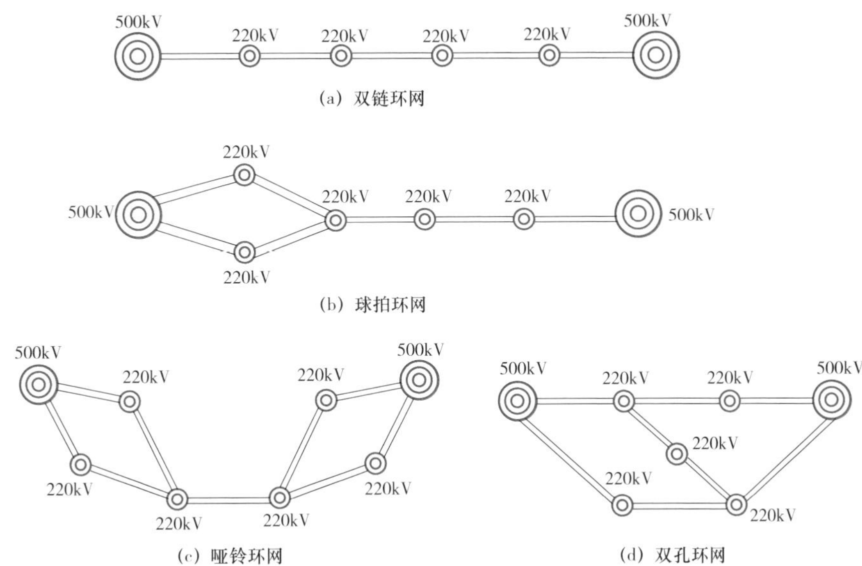

图 1-4 220kV 电网互联分区结构示意图

1.4.2 配电网网架结构

1. 高压配电网结构

高压配电网一般由电压等级为 110kV（66/35kV）的高压线路和变电站构成，主要功能是承接输电网和本地电厂送入 110kV 的电力，并分配至中压配电网或高压用户。常见的高压配电网结构有辐射、链式和环网结构，变电站通过 T 接、Π 接方式入网。

（1）辐射结构，由单电源通过单回或双回馈线向多个终端供电，主要分为单辐射和双辐射结构，如图 1-5 所示。辐射结构相对简单，可靠性较好，投资相对较低。

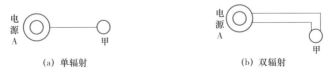

图 1-5 辐射结构

（2）链式结构，由双电源馈线供电，中间 T 接或 Π 接终端，主要分为单链和双链结构，其中双链结构又可以分为 T 接、Π 接和 T、Π 混接结构，如图 1–6 所示。链式结构接入方式灵活、可靠性高，尤其适用于经济发达以及负荷密度较高地区。

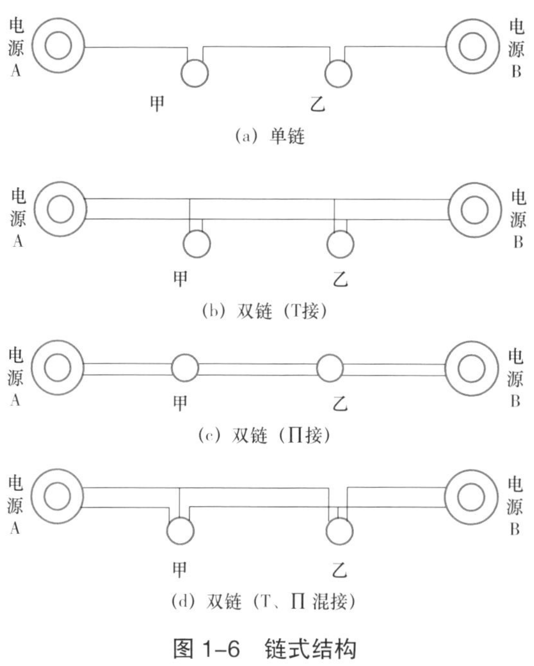

图 1–6　链式结构

上海地区 110kV 普遍采用的带自愈的 110kV 手拉手接线即为 Π 接结构，具有结构清晰，可靠性高，故障恢复能力强的特点，如图 1–7 所示。图中串联供电网路中，有多个 110kV 变电站，有 2 条供电环网，所有 220kV 和 110kV 站的分段断路器正常运行时断开。QF1 和 QF2 正常运行时断开，作为两条供电环网的母线联络断路器。当串联供电回路发生故障时，自愈系统能够根据实时获取的区域电网全景信息进行自动识别判断，跳开紧邻故障点的失电站的原主供电源断路器，合上串供回路原处于开环点的断路器，由另一侧电源恢复对所有失电站的供电。图中，“–□–”表示断路器断开状态，文中相同图形符号含义同此。

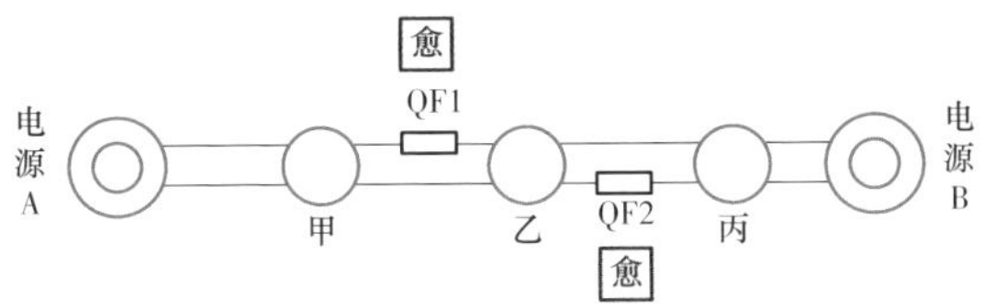

图 1–7　110kV 手拉手接线

（3）环网结构，指由电源点引出的馈线将各个终端连接成环状，主要分为单环网和双环网结构，如图 1–8 所示。环网结构的供电安全可靠性能够满足相关要求，且经济成本不高，为技术经济性综合最优接线方式。

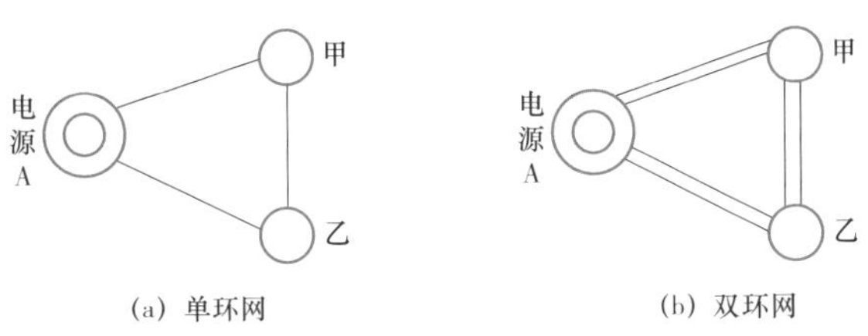

图 1–8　环网结构

2. 中压配电网结构

中压配电网一般由 10kV 的电缆线路和架空线路构成，主要功能是分配 10kV 电能至低压配电网或中压用户。常见的中压配电网结构有辐射式和环式两种结构。

（1）辐射结构，是指配电站引出一路配电线，呈辐射状延伸至各用电点，如图 1–9 所示。图中，"–■■–"表示断路器闭合状态，文中同类图形符号含义同此。该结构设施简单，运行维护方便，适用于低负荷密度地区，供电可靠性较低。

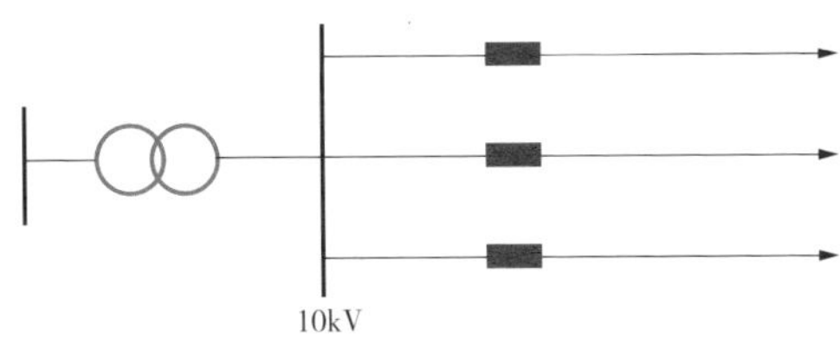

图 1–9　中压配电网辐射式接线

（2）环网结构，是辐射结构的一种改进，是通过联络断路器将多个辐射式接线连接起来，组成多电源相互备用的供电结构，主要分为带备用线环网结构和多分段多联络结构。

1）带备用线环网结构，是指 N 条线路运行，1 条线路备用，用联络断路器将末端连接，如图 1–10 所示。其特点是结构清晰，可靠性较高，但经济性不高。

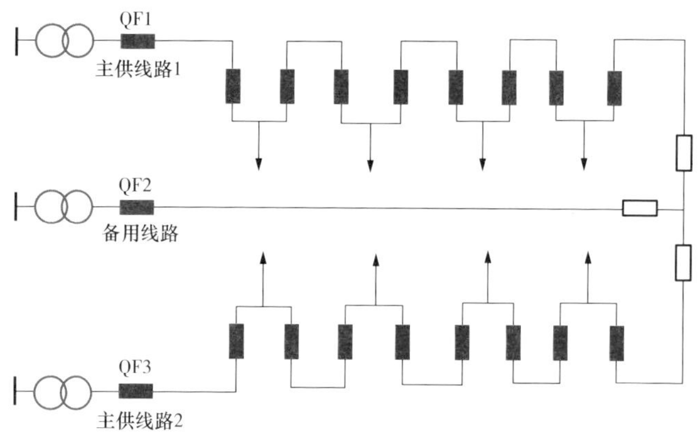

图 1–10 带备用线环网结构

2）多分段多联络结构，是指通过分段断路器实现每一段线路与其他线路有效联络，当一条线路出现故障时，均不影响其他段的正常供电，如图 1–11 所示。其特点是线路负荷率高，供电可靠性高，故障影响范围降低。

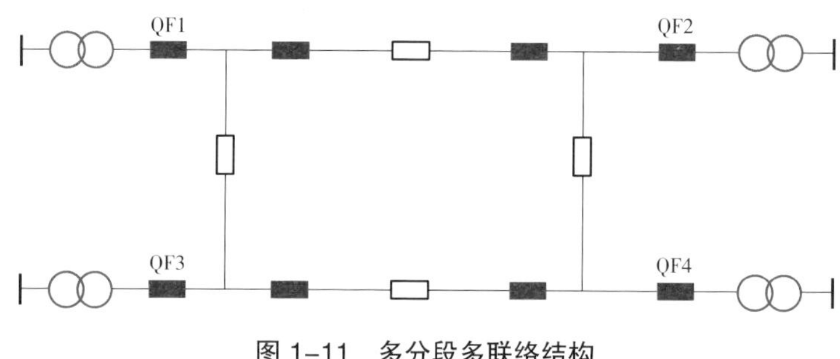

图 1–11 多分段多联络结构

近年，上海电网大力推广的 10kV 双环网自愈系统，即多分段多联络结构。其主要特点是，当环网发生故障时可以快速并且精准地定位故障点，并在故障隔离后快速恢复非故障区段的供电。

双环网开关站典型配置如图 1–12 所示，环网采用开环运行方式，两侧变电站进线分别来自同一个站的不同 10kV 母线或不同变电站的 10kV 母线。双环网含多个开关站，采用单母线分段接线，分段开环运行。

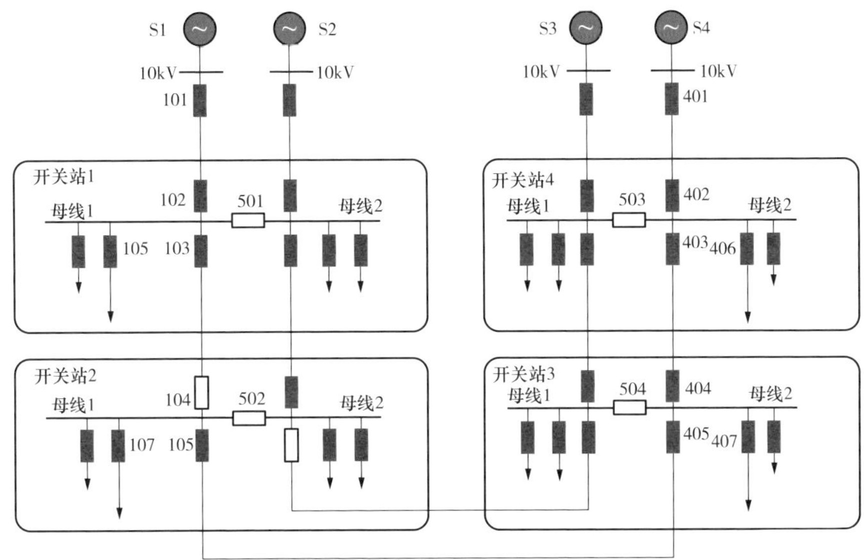

图 1–12　双环网开关站典型配置

电力负荷

1.5.1　电力负荷的组成部分

电力负荷（简称负荷）指发电厂或电力系统在某一时刻所承担的某一用电设备所消耗的电功率之和，电力负荷的组成部分如图 1–13 所示。

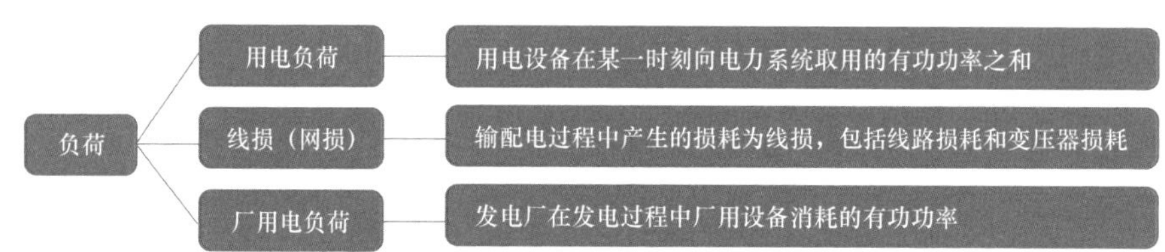

图 1–13　电力负荷的组成部分

按供电可靠性的不同要求，我国将综合用电负荷分为三级：

一级负荷：中断供电的后果极为严重，如危及人身安全、设备毁灭性损坏、生产秩序混乱、国民经济重大损失等的负荷。

二级负荷：中断供电将造成大量减产，影响居民的正常生活的负荷。

三级负荷：不属于一、二级负荷，停电影响不大的其他负荷。

1.5.2　负荷曲线

1. 负荷曲线分类

实际的系统负荷是随时间变化的，其变化规律可用负荷曲线来描述。常用的负荷曲线包括日负荷曲线、年持续负荷曲线和年最大负荷曲线。

（1）日负荷曲线。日负荷曲线描述了一天 24h 负荷的变化情况，可以作为安排日发电计划和确定系统运行方式的重要依据。

对于调度员而言，需要了解随实际日负荷曲线的变化，并结合电网日受电曲线，及时调整全网发电输出功率或合理安排相应机组启停。因此，日负荷曲线是调度员时刻保证电网整体发用电平衡的关键依据。

（2）年最大负荷曲线。年最大负荷曲线描述了一年内每月（或每日）最大有功功率负荷变化的情况，主要用来安排发电设备的检修计划，同时也为制订发电机组或发电厂的扩建或新建计划提供依据，如图 1–14 所示。

2. 负荷预测

负荷预测就是利用已知的历史负荷、气象信息等，根据负荷发展变化的规律，结合技术人员工作经验，来预测未来的负荷曲线。负荷预测的主要作用是：对电网容量、可靠性及其分布提出要求，从而合理安排发电计划和变

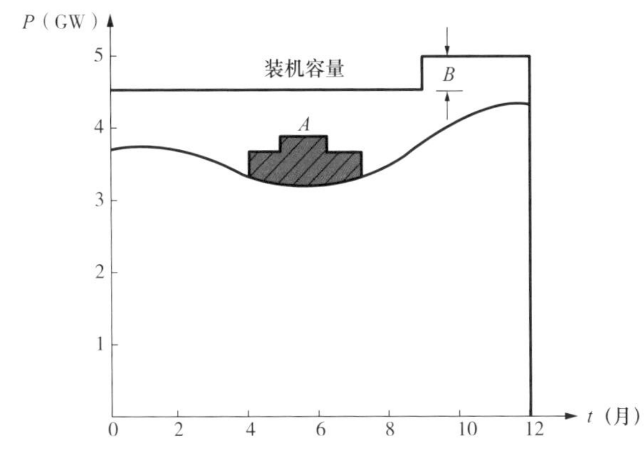

图 1–14　年最大负荷曲线

A—各检修机组的容量和检修时间的乘积之和；*B*—系统新装的机组容量

电站的选址定容；辅助目标网架规划方案的制定；指导年度运行方式的编制，最终使电力系统的经济性和稳定性都达到最佳。主网负荷预测主要用于指导主网发电计划的制定，配网负荷预测主要用于高压和中压配网规划。

负荷预测主要分为超短期、短期、中期和长期负荷预测。

（1）超短期负荷预测是指未来 1h 以内的负荷预测，用于辅助调度员的发用电平衡实时调整工作。在安全监视状态下，需要 5~10s 或 1~5min 的预测值，预防性控制和紧急状态处理需要 10min~1h 的预测值。

（2）短期负荷预测是指日负荷预测和周负荷预测，分别用于安排日调度计划和周调度计划，包括确定机组启停、水火电协调、联络线交换功率、负荷经济分配、设备检修等。对于短期负荷预测，需充分研究电网负荷变化规律，分析负荷变化相关因子，特别是天气因素、日类型等和短期负荷变化的关系。

（3）中期负荷预测是指月至年的负荷预测，主要用于确定机组运行方式和设备大修计划等。

（4）长期负荷预测是指未来 3~5 年甚至更长时间段内的负荷预测，主要是电网规划部门根据国民经济的发展和对电力负荷的需求，所做的电网改造和扩建工作的远景规划。对于中、长期负荷预测，要特别研究国民经济发展、国家政策等的影响因素。

1.5.3 上海电网的负荷特点

上海作为全国的经济中心、金融中心及航运中心，大城市电网负荷发展特征明显，负荷总量大，截至 2019 年历史最高用电负荷达 32682MW（见图 1–15）。随着上海社会用电结构的变化及居民生活水平的不断提高，电网负荷不断攀升，其中空调用电成为最近几年商业、居民用电的重中之重，夏季期间最高可占到日最高负荷的 50% 左右。因此，上海负荷受气温等天气因素影响较大，电力需求对于温度敏感性较强，导致各月用电负荷严重不均衡，电网负荷用电峰谷差不断拉大，调峰矛盾突出，对负荷预测准确率影响也较大。

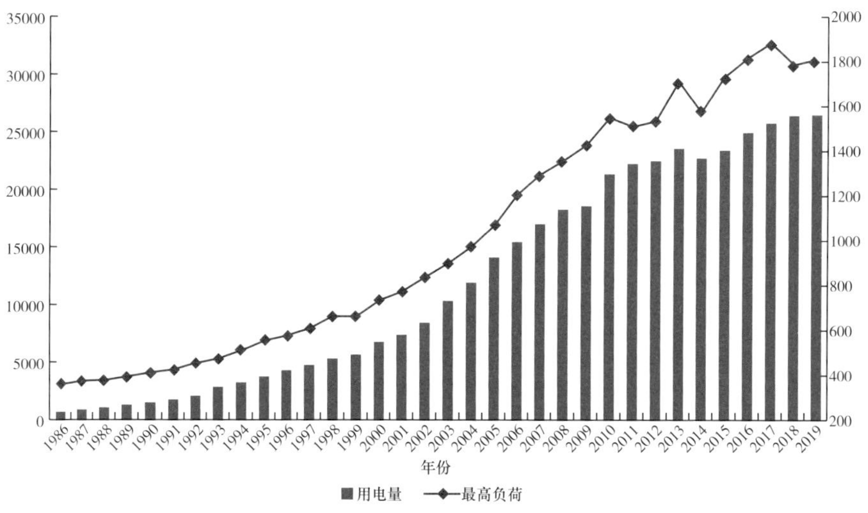

图 1–15　1986~2019 年上海最高用电负荷、用电量情况

上海电网是密集型受端城市电网，平均受电比例 50%，部分时段受电比例超 70%。上海电网电源集中，负荷密度高，全市负荷密度为 5.15MW/km²，中心城区平均负荷密度为 35MW/km²，其中小陆家嘴地区负荷密度高达 162.5MW/km²，约为日本东京银座负荷密度的两倍。上海地区用电负荷密度分布图如图 1–16 所示。

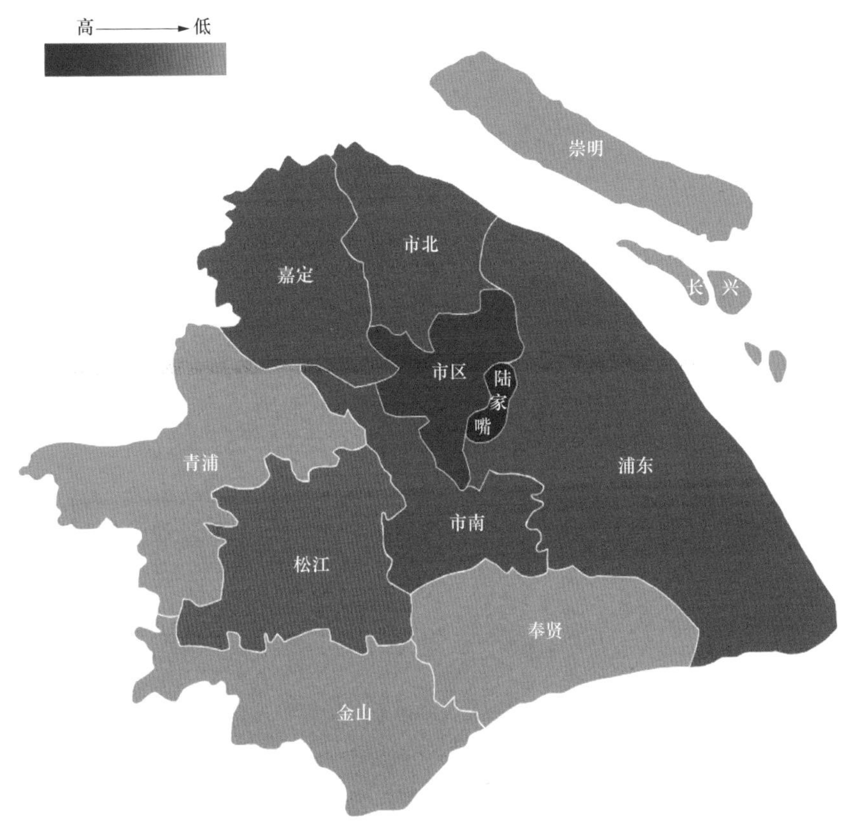

图 1–16　上海地区用电负荷密度分布图

上海电网负荷除大量的居民生活用电外，还有大量的金融业、商业用户，城市轨道交通、高铁、国际机场等公共设施用户，钢铁、石化等大工业用户，以及高科技企业用户。此外，还存在许多关系国民经济命脉和社会稳定的重要负荷。这些负荷对电网供电可靠性有很高的要求，其中相当一部分用户对于供电电能质量要求也很高。

不同类型的负荷曲线均有各自的特性，下面举例说明。由图 1–17 可知，居民负荷在每日 16 点之后逐渐攀升达到负荷高峰，22 点以后逐渐下降。由图 1–18 可知，工商业负荷在每日 9 点之后逐渐攀升达到负荷高峰，16 点以后逐渐下降。

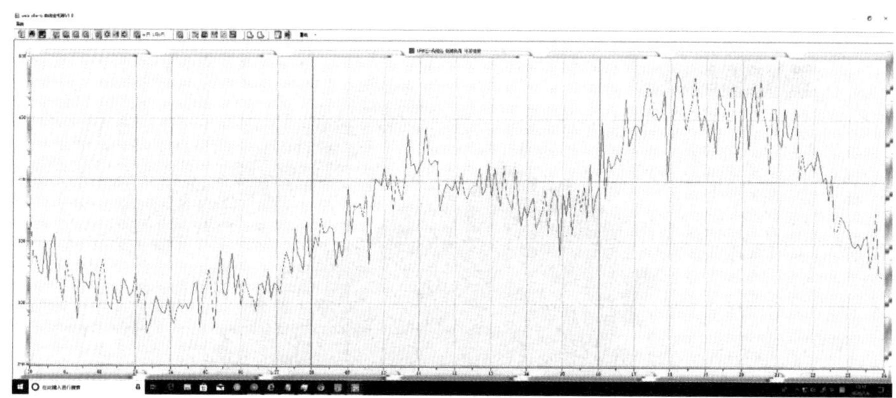

图 1-17　居民负荷 24h 曲线

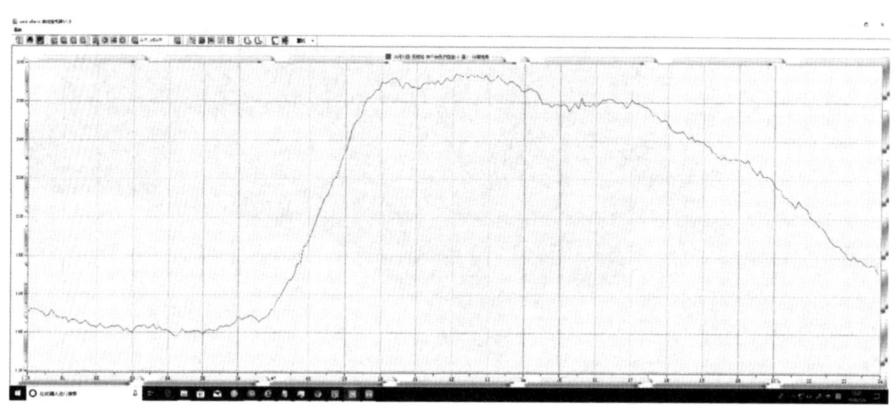

图 1-18　工商业负荷 24h 曲线

由图 1-19 可知，居民负荷在夏季、冬季出现两个用电高峰，主要是空调用电。由图 1-20 可知，工商业负荷在夏季达到负荷高峰，这主要是由于夏季炎热，相关设备需要空调降温引起的；而冬季则较少出现该情况，小波动的出现主要是由于商业用户的空调取暖。

综上可知，上海电网作为典型大城市电网，负荷季节特征明显，冬夏空调负荷高，居民晚间达到用电高峰，而工商业则为日间用电高峰。

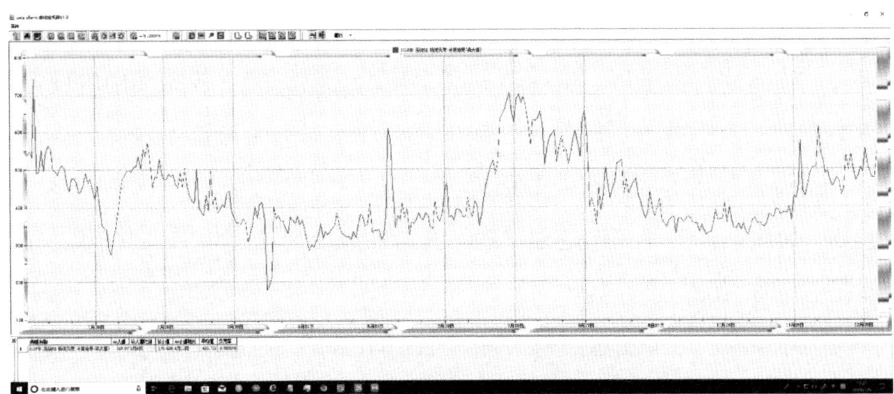

图 1-19　居民负荷年最大负荷曲线

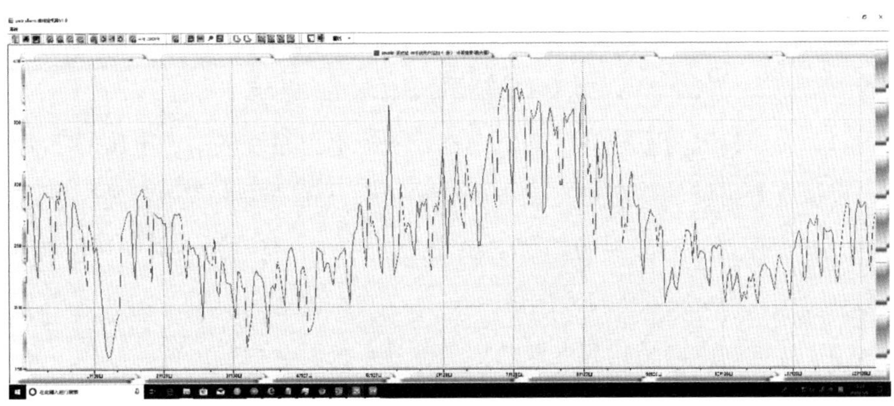

图 1-20　工商业负荷年最大负荷曲线

1.6 电力系统的运行特点和基本要求

1.6.1　电力系统的运行特点

（1）同时性。电力系统的发、输、配、用 电过程同时完成，在当前的技术条件下电能尚不能大量存储，一般必须用多少，就发多少。

（2）整体性。发电厂、变压器、高压输电线路、配电线路和用电设备在电网中形成一个不可分割的整体，缺少任一环节电力生产都不可能完成；相反，任何设备脱离电网都将失去意义。

（3）快速性。电能输送过程迅速，其传输速度与光速相同，发、输、配、用都在一瞬间实现。

（4）连续性。电能质量需要实时、连续的监视与调整。

（5）实时性。电网事故发展迅速，涉及面大，需要实时的安全监视调整和控制。

1.6.2 电力系统稳定运行的基本要求

（1）为保持电力系统运行的稳定性，维持电力系统频率、电压的正常水平，系统应有足够的静态稳定储备和有功功率、无功功率备用容量。备用容量应分配合理，并有必要的调节手段，在正常负荷及电源波动和调整有功、无功潮流时，均不应发生自激振荡。

（2）合理的电网结构和电源结构是电力系统安全稳定运行的基础。在电力系统的规划设计阶段，应统筹考虑，合理布局；在运行阶段，运行方式安排也应注意电网结构的电源开机的合理性。合理的电网结构和电源结构应满足如下基本要求：

1）能够满足各种运行方式下潮流变化的需要，具有一定的灵活性，并能适应系统发展的要求；

2）任一元件无故障断开，应能保持电力系统的稳定运行，且不致使其他元件超过规定的事故负荷能力和电压、频率允许偏差的要求；

3）应有较大的抗扰动能力，并符合 GB 38755—2019《电力系统安全稳定导则》中规定的有关各项安全稳定标准；

4）满足分层和分区原则；

5）合理控制系统短路电流；

6）交、直流相互适应，协调发展；

7）电源装机的类型、规模和布局合理，具有一定的灵活调节能力。

（3）在正常方式（含正常检修方式）下，所有设备均应不过负荷、电压与频率不越限，系统中任一元件发生单一故障时，应能保持系统安全稳定运行。

（4）在故障后经调整的运行方式下，电力系统仍应有规定的静态稳定储备，并满足再次发生任一元件故障后的稳定要求，以及其他元件不超过规定事故过负荷能力的要求。

（5）电力系统发生稳定破坏时，必须有预定的应对措施，以防止事故范围扩大，减少事故损失。

（6）低一级电压等级电网中的任何元件（如发电机、交流线路、变压器、母线、直流单极线路、直流换流器等）发生各种类型的单一故障，均不应影响高一级电压等级电网的稳定运行。

（7）电力系统的二次设备（包括继电保护装置、安全自动装置、自动化设备、通信设备等）的参数设定及耐受能力应与一次设备相适应。

（8）送受端系统的直流短路比、多馈入直流短路比以及新能源场站短路比应达到合理的水平。

1.7 电力系统发展技术与方向

智能电网，是以特高压电网为骨干网架、各级电网协调发展的坚强网架为基础，以通信信息平台为支撑，实现“电力流、信息流、业务流”的高度一体化融合，具有坚强可靠、经济高效、清洁环保、透明开放和友好互动内涵的现代电网。

目前，我国已基本实现全面建成统一坚强智能电网的目标，电网的资源配置能力、安全水平、运行效率，以及电网与电源、用户之间的互动性较传统电网时期有显著提高。随着能源格局向清洁化方向发展，电网将成为未来能源配置的主要平台。为了实现清洁能源全球优化配置，能源互联网概念应运而生。

能源互联网，又称“互联网+”智慧能源，是一种互联网与能源生产、传输、存储、消费以及能源市场深度融合的能源产业发展新形态，具有设备智能、多能协同、信息对称、供需分散、系统扁平、交易开放等主要特征。作为智能电网的深入发展形式，能源互联网更关注新能源的占比和影响。在能源层面，能源互联网试图把各种能源组合成一个包含智能通信、智能电网、智能交通等众多智能与绿色概念的超级网络。

在此背景下，能源互联网与5G技术和AI技术的深度结合必将推动能源行业安全、清洁、协调和智能发展，提升能源行业信息化、智能化水平，为经济发展提供可靠的用能保障，为智能化工业革命提供坚实的基础。

1.5G技术

目前，已经进入5G通信时代，5G通信速率提高了20倍以上，具有超低时延、超低能耗、超低成本、高移动性、高带宽等特性，为电力系统的智能化转型提供技术支持。各地电力企业都在积极落实5G技术的实际应用，目前广东、江苏、上海等地均已完成5G智慧电网试点测试。

未来，5G技术将在智慧能源的多个环节得到应用。在发电领域要实现高效的分布式电源接入调控，5G可以满足实时的数据采集和传输、远程调度与协调控制、系统高速互联等功能。在输变电领域，具有低时延和大带宽的定制化5G电力切片可以满足智能电网高可靠性安全性的要求，提供输变电环境实时监测与故障定位等智能服务。在配电领域，以5G网络为基础可以支持实现智能分布式配电自动化，实现故障处理过程全自动。在电力通信领域，5G技术将在复杂地貌中展示出独特优势，成本更低，部署更快。

2. AI 技术

AI 技术，即人工智能技术，是研究、开发用于模拟、延伸和扩展人的智能的理论、方法、技术及应用系统的一门新的技术科学。作为新兴技术，AI 技术也被完美的融合进电力系统中，包括 AI 配电变压器、AI 智能算法、智能机器人等。以前，在电网建设与检修过程中，总会有一些“钢铁侠”在空中穿梭，人们震惊于工程人员熟练的操作技术与胆识的同时，往往会为这些人多些担心，毕竟高空、高压电作业，危险始终存在。但是随着 AI 技术在电网领域的落地运用，一些巡检机器人代替人类完成了这项危险的高空作业（见图 1–21），而且效率也有了大幅度提升。

图 1–21　无人机巡线

如图 1–22 所示，巡检机器人通过高精度定位，以及 AI 语音、图像等识别技术，能够在各种恶劣的自然环境下完成人工很难完成的作业，通过规模化作业，大幅度提高作业效率；甚至通过深度学习技术，能够针对台风等自然灾害进行电网灾害风险动态评估。

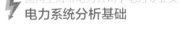

图 1–22　机器人巡检

更重要的是，人工智能可以对电力系统中的海量大数据进行挖掘，开发创新应用，驱动业务改革。基于云平台，电网公司不只提供海量数据、强大算力，同时还能整合阿里云等合作伙伴的 AI 基础能力，构建一个创新平台，用好产业链力量，在安全前提下实现数据共享。

AI 人工智能技术在电网智慧能源领域的应用将会十分广泛，人工智能科技给人们生活带来的日新月异的变化，是以往任何历史时期都不曾出现的，相信在智慧电网领域的应用前景也是一片光明的，从而对电力系统运维检修传统业务产生深远影响。

小结

现代电力系统的作用是向国民经济各部门及城乡居民提供合格的电能。由于大电网的优越性是显而易见的，现代电力系统规模越来越大，所以保障电力系统的安全稳定运行越来越重要。

为了让电力从业人员对电力系统安全稳定运行的基本知识有更好的认知，本章以电力系统的基本概念为核心，介绍了电力系统的概念、基本组成、电能质量特性、运行的特点和要求以及发展方向，就电能质量的两个关键指标电压特性和频率特性分别进行了简要讲解，从电源、电网、电力负荷三个方面介绍了电力系统三个组成部分的相关内容。在电源方面，总结了电源入网的基本原则（分层、分区、分散）以及上海电网的电源布局；在电网方面，着重阐述了主流网架结构、输电网和配电网的典型接线方式、各接线方式的运行特点及其优缺点；在电力负荷方面，介绍了电力系统的负荷曲线的基本概念及其应用情况，并梳理了上海的负荷特点。最后，对电力系统运行特点和基本要求进行了简要介绍，并归纳总结了电力系统的发展方向和前沿技术。

希望读者能够通过本章，对电力系统有一个基本的认识，掌握电源、电网和电力负荷三个组成部分，以及电力系统安全稳定运行的基本要求，为后续学习打下坚实的基础。

习题与思考题

1-1 简述电力系统的概念及其组成部分。

1-2 电力系统的频率特性与电压特性的主要区别是什么?

1-3 我国电力系统额定电压等级有哪些?

1-4 输电网的网架结构主要有哪几大类?

1-5 简述 110kV 自愈系统和 10kV 双环网自愈系统的运行特点。

1-6 简述上海地区居民负荷的典型特点。

1-7 电力系统的运行特点有哪些?

1-8 AI 技术如何融合进电力系统?

第2章 CHAPTER TWO

电力系统数学模型 02

电力系统数学模型是进行电力系统分析的理论基础。本章主要介绍两部分内容，一是发电机、变压器、输电线以及电力负荷等元件的等值电路和相关参数计算，二是标幺制在电力系统中的应用。利用数学模型可以定量地分析电力系统实际问题，也是潮流计算、短路计算和稳定分析的基础。

2.1 发电机的参数和等值电路

2.1.1 理想电机的基本假设和参数

根据原理不同，发电机分为同步发电机和异步发电机，电机转子速度与定子旋转磁场相同时为同步发电机；反之则为异步发电机。

为便于分析，将发电机视为理想电机，假设条件如下：

（1）忽略磁路饱和、磁滞、涡流以及集肤效应的影响，假设电磁路为线性；

（2）电机转子结构上分别对于 d 轴和 q 轴对称；

（3）电机定子三相绕组在结构上完全相同，在空间位置上互差 120° 电角度；

（4）电机空载、转子恒速旋转时，转子绕组的磁动势在定子绕组所感应的空载电动势是时间的正弦函数；

（5）电机的定子和转子具有光滑的表面。

2.1.2 同步发电机稳态等值电路

1. 同步发电机的原始方程

同步发电机定转子电动势和电流正方向的选取如图 2–1 所示，各绕组轴线正方向也就是该绕组磁链的正方向，该绕组的正电流为对本绕组产生正向磁链的电流。定子回路中，定子电流的正方向是由绕组中性点流向端点的方向，各相感应电动势的正方向与相电流的方向相同，向外电路送出正向相电流的机端电压为正的。在转子回路，各个绕组感应电动势的正方向同本绕组电流的正方向，向励磁绕组提供正向励磁电流的外加励磁电压是正的，两个阻尼回路的外加电压均为零。

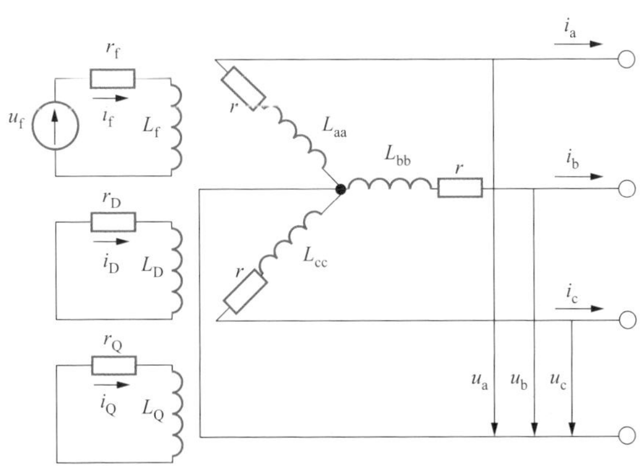

图 2-1　同步发电机的定子、转子回路

根据规定的正方向，列出同步发电机原始方程，即定子绕组和转子绕组的电动势方程和磁链方程为

$$\begin{bmatrix} u_{abc} \\ u_{fDQ} \end{bmatrix} = -\begin{bmatrix} \dot{\varphi}_{abc} \\ \dot{\varphi}_{fDQ} \end{bmatrix} - \begin{bmatrix} r_{abc} & \\ & r_{fDQ} \end{bmatrix} \begin{bmatrix} i_{abc} \\ i_{fDQ} \end{bmatrix} \tag{2-1}$$

$$\begin{bmatrix} \varphi_{abc} \\ \varphi_{fDQ} \end{bmatrix} = \begin{bmatrix} L_{SS} & L_{SR} \\ L_{RS} & L_{RR} \end{bmatrix} \begin{bmatrix} i_{abc} \\ i_{fDQ} \end{bmatrix} \tag{2-2}$$

式中：u 为各绕组端电压；i 为各绕组电流；r 为定子每相绕组电阻；φ 为各绕组的总磁链；$\dot{\varphi}$ 为磁链对时间的导数；L_{SS}、L_{RR} 为绕组的自感系数；L_{SR}、L_{RS} 为绕组相间的互感系数。

2. 同步发电机派克方程

由于定子绕组自感、互感以及定子绕组和转子绕组之间的互感跟转子位置角有关，因此定子、转子绕组的自感和互感系数是周期变化的，即式（2-1）、式（2-2）是时变函数，这给数学计算带来了很大不便。为此，引入了派克变换的概念，将原始方程从 abc 坐标系转化为 dq0 坐标系。如图 2-2 所示，将“理想电机”的时变数学模型转化为非时变数学模型。图中给出了转子旋转的正方向，定子和转子各绕组的相对位置，以及各绕组轴线的正方向，转子横轴（q 轴）落后于纵轴（d 轴）90°。各绕组轴线正方向也就是该绕组磁链的正方向，对本绕组产生正向磁链的电流为该绕组的正电流。

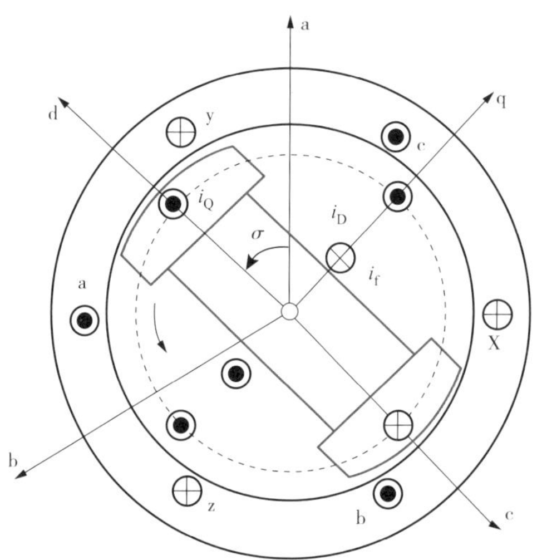

图 2-2 同步发电机各绕组轴线正向示意图

此时，原始方程 [式（2-1）、式（2-2）] 转化为 dq0 坐标系中的电动势方程和磁链方程，即

$$\begin{bmatrix} u_{dq0} \\ u_{fDQ} \end{bmatrix} = \begin{bmatrix} \dot{\varphi}_{dq0} \\ \dot{\varphi}_{fDQ} \end{bmatrix} + \begin{bmatrix} r_{dq0} & \\ & r_{fDQ} \end{bmatrix} \begin{bmatrix} -i_{dq0} \\ i_{fDQ} \end{bmatrix} + \begin{bmatrix} S_{dq0} \\ 0 \end{bmatrix} \tag{2-3}$$

$$\begin{bmatrix} \varphi_{dq0} \\ \varphi_{fDQ} \end{bmatrix} = \begin{bmatrix} L_{dq0} & M_{SR} \\ M_{RS} & L_{fDQ} \end{bmatrix} \begin{bmatrix} -i_{dq0} \\ i_{fDQ} \end{bmatrix} \tag{2-4}$$

式中：S_{dq0} 称为变压器电动势，是电磁感应效应引起的绕组电压；磁链方程中各项电感系数都变成常数。

式（2-3）、式（2-4）通常称为同步发电机的基本方程或派克方程，是同步发电机暂态分析的基础。

3. 同步发电机的等值电路和相量图

（1）凸极机。在凸极机中，假设发电机以滞后功率因数运行，其端电压为$\dot{U}$，定子电流为$\dot{I}$，在同步发电机稳态运行时，等效阻尼绕组中电流为零，励磁电流是常数，忽略定子电阻。如图 2–3 所示，若选 q 轴为虚轴，比 q 轴落后 90° 方向 d 轴作为实轴，则电动势方程的相量形式为

$$\left.\begin{aligned}\dot{U}_q &= \dot{E}_q - jx_d\dot{I}_d \\ \dot{U}_d &= -jx_q\dot{I}_q\end{aligned}\right\} \tag{2-5}$$

式中：$\dot{U}_q$、$\dot{U}_d$ 分别表示定子端电压在 q 轴和 d 轴方向的分量；$\dot{E}_q$ 表示空载电动势；$\dot{I}_q$、$\dot{I}_d$ 分别表示定子端电流在 q 轴和 d 轴方向的分量；x_q、x_d 分别表示 q 轴和 d 轴等值电抗。

图 2–3 中，δ 角是空载电动势 $\dot{E}_q$ 与母线电压$\dot{U}$的相对角，称为功角。发电机发出的电磁功率仅是 δ 角的函数。

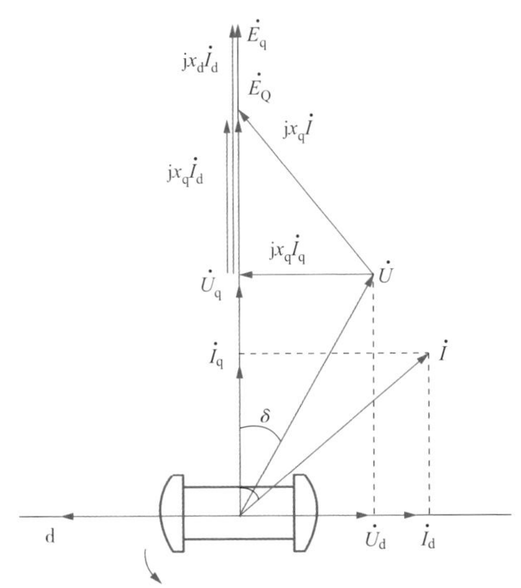

图 2–3　凸极同步发电机稳态运行相量图

凸极同步发电机的等值电路如图 2–4 所示。

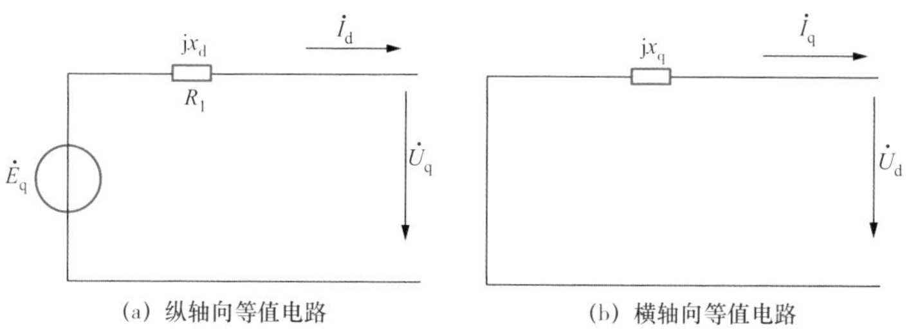

图 2-4 凸极同步发电机的等值电路

（2）等值隐极机法。引入虚拟电动势 $\dot{E}_Q$，即

$$\dot{E}_Q = \dot{E}_q - j(x_d - x_q)\dot{I}_d \tag{2-6}$$

此时，式（2-5）可改写为

$$\dot{U} = \dot{E}_Q - jx_q\dot{I} \tag{2-7}$$

由此可知，实际的凸极机可表示成由电抗 x_q 和虚拟电动势 $\dot{E}_Q$ 表示的隐极机，这种方法称为等值隐极机法，等值电路如图 2-5 所示。

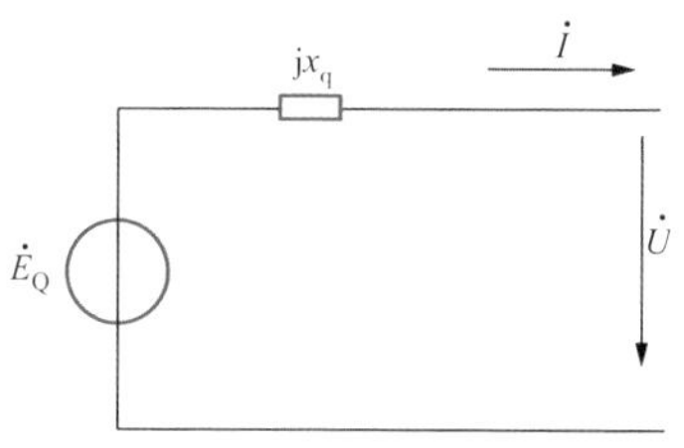

图 2-5 隐极机等值电路

在图 2-3 中，$\dot{E}_Q$ 和 $\dot{E}_q$ 同相位，其值既同电动势 $\dot{E}_q$ 相关，又受定子电流纵轴分量 $\dot{I}_d$ 影响。在实际计算中，已知发电机的端电压和电流或功率，将定子电流分解为两个轴向分量，利用式（2-7）计算 $\dot{E}_Q$，从而确定空载电动势 $\dot{E}_q$ 和 q 轴的方向。

2.2 电力线路的参数和等值电路

电力线路是电网的主要设备之一，主要分为架空线路和电缆线路两类，其参数为电阻 R、电抗 X、电导 G 和电纳 B。

2.2.1 参数计算

1. 电阻

电阻反映线路通过电流时产生的热效应，其与导线的材料、截面积和长度有关。20℃下，每相导线单位长度的电阻 r 的计算公式为

$$r=\rho/nS(\Omega/\mathrm{km}) \tag{2-8}$$

式中：ρ 为导线的电阻率，$(\Omega\cdot\mathrm{mm}^2)/\mathrm{km}$；$S$ 为导线载流部分的标称截面积，mm^2；n 为每相的分裂导线数。

导线中通过三相工频交流电流，会产生集肤效应和邻近效应；此外，由于多股绞线的扭绞，每股导线的实际长度较线路长 2%~3%，导线计算时的截面积往往大于实际截面积，因此计算用的电阻率 ρ 大于直流电阻率。一般，铜的电阻率取 18.8 $(\Omega\cdot\mathrm{mm}^2)/\mathrm{km}$，铝的电阻率取 31.5 $(\Omega\cdot\mathrm{mm}^2)/\mathrm{km}$。

工程计算中，也可以直接从有关手册中查出不同种类导线 20℃下的电阻值。某导线 t（℃）下的电阻计算公式为

$$r_{\mathrm{t}}=r_{20}[1+\alpha(t-20)] \tag{2-9}$$

式中：r_{20} 为 20℃下该导线的电阻，Ω/km；α 为材料温度系数，铜取 0.00382，

铝取 0.0036，1/℃。

2. 电抗

电抗反映了导线的电感对交流电流的抵抗作用。额定频率 f_N 下每相导线单位长度的等值电抗 x 的计算公式为

$$x = 2\pi f_N \left(\Omega / \text{km}\right) \tag{2-10}$$

额定频率下，每相导线单位长度的等值电抗的计算公式：

单导线

$$x = 0.0628 \ln \frac{D_{eq}}{D_s} = 0.1445 \lg \frac{D_{eq}}{D_s} \tag{2-11}$$

分裂导线

$$x = 0.0628 \ln \frac{D_{eq}}{D_{sb}} = 0.1445 \lg \frac{D_{eq}}{D_{sb}} \tag{2-12}$$

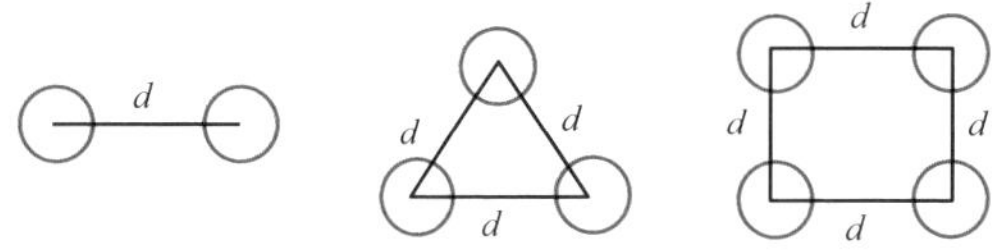

(a) 一相分裂导线的布置

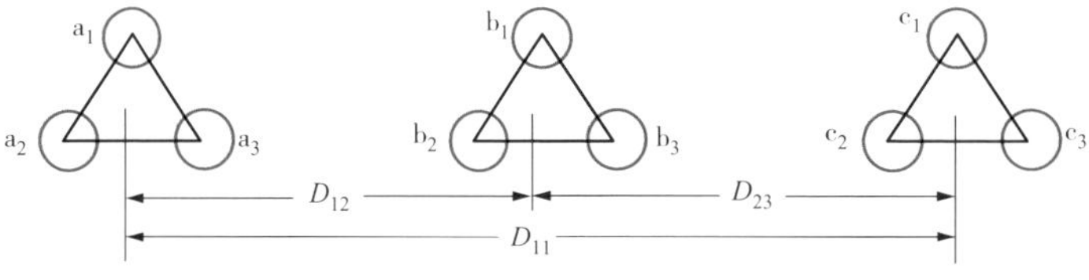

(b) 三相分裂导线的布置

图 2-6　一相和三相分裂导线的布置

式中：D_{eq} 为三相导线间的互几何均距，$D_{eq} = \sqrt[3]{D_{12}D_{23}D_{31}}$，m，见图 2-6。$D_s$ 为单导线的等值半径，m。对于单股圆截面导线，$D_s = r_0 e^{-\frac{1}{4}} = 0.779 r_0$，其中 r_0 为圆直导线的半径；对于绞线，$D_s < 0.779 r_0$，随着股数的增加 D_s 不断增加；对于钢芯铝绞线，D_s 一般取（0.81~0.95）r_0。D_{sb} 为分裂导线的自几何等

值均距，m。$D_{sb}=\sqrt[n]{nD_sR^{n-1}}$，m，其中 n 为分裂数，R 为分裂导线所在圆周的半径。

3. 电导

电导反映导线带电时绝缘介质中产生泄漏电流和导线附近空气游离所产生的有功功率损失。通常线路绝缘良好，泄漏电流很小，可以将其忽略，主要考虑的是电晕引起的功率损耗。单位长度的每相等值电导 g 的计算公式为

$$g=\frac{\Delta P_g}{U_L^2}(\mathrm{S/km}) \tag{2-13}$$

式中：ΔP_g 为三相导线电晕损耗的有功功率，MW/km；U_L 为导线线电压，kV。

导线并非在任何时候都会产生电晕，仅在线路电压超过某一数值时才会发生，此电压也称为线路的电晕临界电压。电晕临界电压的大小与导线半径、导线排列形式、导线是否分裂、导线表面的光滑程度、空气密度以及气象情况有关。采用分裂导线可提高电晕的临界电压。

实际上，在线路设计时，按照晴天不会发生电晕来校验导体半径，所以一般可以忽略电晕损耗，即认为 g=0。

4. 电纳

电纳反映带电导线周围电场效应。在额定频率下，线路单位长度的每相等值电纳 b 计算公式为

$$b=2\pi f_N C=\frac{7.58}{\lg\dfrac{D_{eq}}{r_{eq}}}\times10^{-6}(\mathrm{S/km}) \tag{2-14}$$

式中：D_{eq} 为三相导线间的互几何均距，m；r_{eq} 为一相导线组的等值半径，m，对于 n 分裂导线，$r_{eq}=\sqrt[n]{nR^{n-1}r_0}$；对于单导线线路，$r_{eq}$=$r_0$，即等于导线的半径。

各种电压等级线路的电纳值变化不大，对于单导线线路，约为 2.8×10^{-6}S/km；对于分裂导线线路，当每相分裂根数分别为 2~4 根时，每千米电纳分别约为 3.8×10^{-6}S 和 4.1×10^{-6}S。

5. 容升效应

在高压输电线路特别是特高压线路中，通常会由于容升效应导致过电压。

所谓容升效应是指当空载线路较长时，由于电容的压降大于电源的电动势，导致线路末端电压升高。

带有感性阻抗 L、r 和电容 C_1、C_2 的 Π 形等值电路如图 2-7（a）所示，在线路末端空载（$\dot{I}_2=0$）的情况下，当首端电压为 $\dot{U}_1$ 时，回路中流过的电流为容性电流 $\dot{I}_{C2}$。由于感性电抗 L 上的电压超前 $\dot{I}_{C2}$90°，而容性电抗 C_2 的电压滞后 $\dot{I}_{C2}$90°，电阻 r 的压降与 $\dot{I}_{C2}$ 同相，得到如图 2-7（b）的相量图。

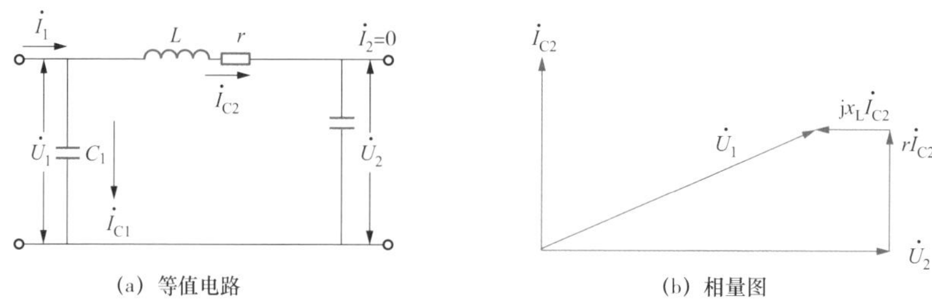

(a) 等值电路　　(b) 相量图

图 2-7　线路集中参数 Π 形等值电路及其末端开路时相量图

在特高压线路中一般输送距离较长，线路的容抗大于感抗，电阻远远小于容抗和感抗，因此线路在电源作用下流过的主要是容性电流。由图 2-7（b）可知，由于容抗的压降与感抗压降的方向相反，在容抗压降幅值大于感抗压降时，线路末端电压高于首端电压。在电力系统中通常采用并联电抗器的方式对末端电压加以限制，设备实物图如图 2-8 所示。

(a) 高压并联电抗仰视图

(b) 高压并联电抗平视图

图 2-8　高压并联电抗设备实物图

2.2.2 等值电路

单位长度电力线路等值电路可用T形或Π形集中参数等值电路来表示，如图2–9所示。图中r、x、g、b表示单位长度电力线路对应的电阻、电抗、电导和电纳参数。

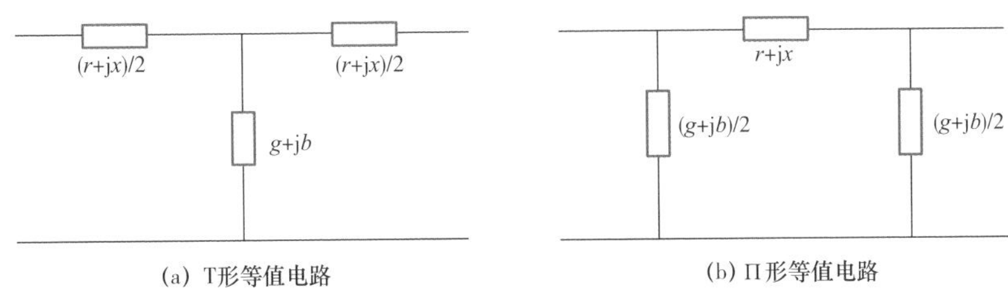

图2–9 电力线路等值电路

当线路中流过交流电流时，导线将产生热损耗，消耗有功功率；同时，交流电流产生的交变磁场也将在导线中产生感应电动势，对电流有抵抗作用。这种电流效应，可以用电阻和电抗串联的形式来表示。

当线路上加上交流电压时，会发生绝缘泄漏，消耗有功功率，同时在一定电压下架空线会产生发光、放电的电晕现象，也消耗有功功率；另外，在交流环境下，导线与导线、导线与大地之间存在电场，即互相之间有电容，会产生容性充电电流。这种电压效应，可以通过电导与电纳并联支路来表示。

2.3 变压器的参数和等值电路

变压器在电力系统中具有非常重要的作用。在远距离大容量输电时，如果电压过低，会导致电流过大，引起过大的电压降落和功率损耗，无法实现远距离输电，高电压也有利于保持电力系统的稳定性，因此，需要采用升压变压器将电压升高。此外，用户设备的电压相对较低，在电能送到受电端后还必须采用降压变压器将电压降到用户需要的电压等级。

变压器有五个重要参数，分别是电阻 R_T、电抗 X_T、电导 G_T、电纳 B_T 和变比 k。在实际中，一般采用短路试验和空载试验方法得到上述参数，进而利用计算公式求得相关参数。

2.3.1 双绕组变压器参数计算

1. 电阻计算

电阻反映经过折算后的一、二次绕组电阻之和，计算公式为

$$R_T = \frac{\Delta P_k U_N^2}{S_N^2} \times 10^3 (\Omega) \tag{2-15}$$

式中：ΔP_k 为变压器三相短路损耗，kW；U_N 为变压器额定线电压，kV；S_N 为三相额定容量，kVA。

2. 电抗计算

电抗反映经过折算后的一、二次绕组漏抗之和，计算公式为

$$X_T = \frac{U_k\%}{100} \frac{U_N}{\sqrt{3} I_N} = \frac{U_k\%}{100} \frac{U_N^{\ 2}}{S_N} \times 10^3 (\Omega) \tag{2-16}$$

式中：$U_k\%$ 为变压器短路电压百分比。

一般电力变压器中，X_T 大于 R_T，R_T 可忽略。

3. 电导计算

电导反映变压器励磁有功损耗的等值电导，计算公式为

$$G_T = \frac{\Delta P_0}{U_N^2} \times 10^{-3} (\mathrm{S}) \tag{2-17}$$

式中：ΔP_0 为变压器三相空载损耗，kW。

由于空载试验电流很小，此时铜损耗很小，可以近似认为空载损耗等于铁损耗。

4. 电纳计算

电纳反映变压器主磁通的等值电纳，计算公式为

$$B_{\mathrm{T}}=\frac{I_0\%}{100}\frac{\sqrt{3}I_{\mathrm{N}}}{U_{\mathrm{N}}}=\frac{I_0\%}{100}\frac{S_{\mathrm{N}}}{U_{\mathrm{N}}{}^2}\times10^{-3}(\mathrm{S}) \tag{2-18}$$

式中：$I_0\%$ 为变压器空载电流百分比。

5. 变比计算

变压器的变压比 k_{T}（简称变比）通常是指两侧绕组空载线电压之比。Yy和 Dd 接法的变压器变比为

$$k_{\mathrm{T}}=\frac{U_{1\mathrm{N}}}{U_{2\mathrm{N}}}=\frac{w_1}{w_2} \tag{2-19}$$

Yd 接法的变压器变比为

$$k_{\mathrm{T}}=\frac{U_{1\mathrm{N}}}{U_{2\mathrm{N}}}=\sqrt{3}\frac{w_1}{w_2} \tag{2-20}$$

式中：w_1、w_2 分别为变压器一、二次绕组匝数；$U_{1\mathrm{N}}$、$U_{2\mathrm{N}}$ 分别为变压器一、二次侧空载线电压，kV。

需要说明的是，变压器的实际变比是运行时两侧绕组实际抽头的空载线电压之比。

【例 2-1】某双绕组变压器的铭牌如图 2-10 所示，变压器额定容量 S_{N} 为 180000kVA，一、二次绕组额定电压 $U_{1\mathrm{N}}$、$U_{2\mathrm{N}}$ 分别为 220、37kV，短路损耗 ΔP_{k} 为 405.64kW，短路电压百分比 $U_{\mathrm{k}}\%$ 为 15.77%，空载损耗 ΔP_0 为 20.997kW，空载电流百分比 $I_0\%$ 为 0.052%，求该变压器的 R_{T}、X_{T}、G_{T} 和 B_{T} 参数。（归算到高压侧）

解：电阻

$$R_{\mathrm{T}}=\frac{\Delta P_{\mathrm{k}}U_{\mathrm{N}}^2}{S_{\mathrm{N}}^2}\times10^3=\frac{405.64\times220^2}{180000^2}\times10^3=0.606(\Omega)$$

高压侧			
电压（V）	电流（A）	断路器位置	接线标志
236500	439	1	2-9
233200	446	2	2-8
229900	452	3	2-7
226600	459	4	2-6
223300	465	5	2-5
220000	472	6	2-4
216700	480	7	2-3

型　　号 S-180000/220　　标准代号 GB 1094

额定容量 180000/180000 kVA　　GB/T 6451

电压组合 $220\pm{}^{5}_{1}\times1.5\%/37$ kV　　产品代号

额定频率 50Hz　相数 3 相　　出厂序号

使用条件 户内式　　制造年月 　年　月　日

冷却方式 ONAN　　器身重 102000 kg

联结组标号 YN,*d11　　绝缘油重 　kg

海拔高度 <1000m　　油箱总重 21000 kg

空载损耗 　kW　　运输重(充氮) 126000 kg

空载电流 　%　　变压器总重 202000 kg

绝缘水平

h.v.线路端子 U/AC 950/395 kV　h.v.中性点端子 U/AC 400/200 kV

l.v.线路端子 U/AC 200/85 kV

图 2-10　某双绕组变压器铭牌

电抗

$$X_{\mathrm{T}}=\frac{U_{\mathrm{k}}\%}{100}\times\frac{{U_{\mathrm{N}}}^{2}}{S_{\mathrm{N}}}\times10^{3}=\frac{15.77}{100}\times\frac{220^{2}}{180000}\times10^{3}=42.4(\Omega)$$

电导

$$G_{\mathrm{T}}=\frac{\Delta P_{0}}{U_{\mathrm{N}}^{2}}\times10^{-3}=\frac{20.997}{220^{2}}\times10^{-3}=0.434\times10^{-6}(\mathrm{S})$$

电纳

$$B_{\mathrm{T}}=\frac{I_{0}\%}{100}\frac{S_{\mathrm{N}}}{{U_{\mathrm{N}}}^{2}}\times10^{-3}=\frac{0.052}{100}\times\frac{180000}{220^{2}}\times10^{-3}=1.93\times10^{-6}(\mathrm{S})$$

2.3.2　三绕组变压器参数计算

三绕组变压器的导纳和变比的计算与双绕组变压器相同。

1. 电阻

各侧绕组的等值电阻为

$$R_{i}=\frac{\Delta P_{\mathrm{k}i}U_{\mathrm{N}}^{2}}{S_{\mathrm{N}}^{2}}\times10^{3}(\Omega),\ i=1、2、3 \tag{2-21}$$

式中：1、2、3 分别对应高压、中压和低压侧绕组；ΔP_{k1}、ΔP_{k2}、ΔP_{k3} 分别表示高、中、低压侧绕组流过额定电流 I_{N} 时所产生的损耗，kW。

2. 功率损耗

每侧绕组的功率损耗为

$$\left.\begin{aligned}\Delta P_{S1}&=\frac{1}{2}\left[\Delta P_{k(1-2)}+\Delta P_{k(3-1)}-\Delta P_{k(2-3)}\right]\\\Delta P_{S2}&=\frac{1}{2}\left[\Delta P_{k(1-2)}+\Delta P_{k(2-3)}-\Delta P_{k(3-1)}\right]\\\Delta P_{S3}&=\frac{1}{2}\left[\Delta P_{k(2-3)}+\Delta P_{k(3-1)}-\Delta P_{k(1-2)}\right]\end{aligned}\right\}\tag{2-22}$$

式中：$\Delta P_{k(1-2)}$、$\Delta P_{k(3-1)}$、$\Delta P_{k(2-3)}$分别表示低中高压侧绕组中某一侧绕组开路时，其余两侧绕组的短路功率损耗之和。

三个绕组容量不相等的变压器，进行短路试验时，会受到较小容量绕组额定电流的限制。若厂家提供的试验值为$\Delta P'_{k(1-2)}$、$\Delta P'_{k(2-3)}$、$\Delta P'_{k(3-1)}$，则折算后功率损耗的计算公式为

$$\left.\begin{aligned}\Delta P_{k(1-2)}&=\Delta P'_{k(1-2)}\left(\frac{S_N}{S_{2N}}\right)^2\\\Delta P_{k(2-3)}&=\Delta P'_{k(2-3)}\left(\frac{S_N}{\min\left\{S_{2N},S_{3N}\right\}}\right)^2\\\Delta P_{k(3-1)}&=\Delta P'_{k(3-1)}\left(\frac{S_N}{S_{3N}}\right)^2\end{aligned}\right\}\tag{2-23}$$

式中：S_N、S_{2N}、S_{3N}分别为高、中、低压侧的额定容量。

3. 短路电压

三绕组变压器电抗计算时，可近似地认为电抗上的电压降就等于短路电压，在给出了短路电压百分比$U_{k(1-2)}\%$、$U_{k(3-1)}\%$、$U_{k(2-3)}\%$后，各侧绕组的短路电压百分比的计算公式分别为

$$\left.\begin{aligned}U_{k1}\%&=\frac{1}{2}\left[U_{k(1-2)}\%+U_{k(3-1)}\%-U_{k(2-3)}\%\right]\\U_{k2}\%&=\frac{1}{2}\left[U_{k(1-2)}\%+U_{k(2-3)}\%-U_{k(3-1)}\%\right]\\U_{k3}\%&=\frac{1}{2}\left[U_{k(2-3)}\%+U_{k(3-1)}\%-U_{k(1-2)}\%\right]\end{aligned}\right\}\tag{2-24}$$

4. 电抗

各侧绕组的等值电抗为

$$X_i = \frac{U_{ki}\%}{100}\frac{U_N^2}{S_N}\times 10^3, i=1,2,3 \tag{2-25}$$

式中：X_1、X_2、X_3 分别为高、中、低压侧绕组电抗。

电导与电纳的计算方法与双绕组变压器相同。

【例 2-2】某 220kV 三绕组变压器部分铭牌参数如图 2-11 所示，高、中、低压侧额定容量分别为 240、240、160MVA，额定电压分别为 220、115、37kV。此外，若给定该变压器高—中压、高—低压、中—低压侧的短路损耗分别为 720.022、347.665、289.674kW，短路电压百分比分别是 14.25%、25.97% 和 9.28%，空载电流为 0.05A，空载损耗为 92.913kW，求该变压器的等值电路各参数（归算到高压侧）。

变压器型号 SSZ-240000/220	出厂代号	制造时间 年 月	标准代号 GB 1094
额定变量 240/240/160MVA	变压器类型 电力	绝缘水平LI950AC395-LI400AC200/LI480AC200-LI325AC140/LI200AC85	
联结组别 YNynod11	变压器名称 三相三绕组有载调压电力变压器	运行形式 连续式	额定频率 50Hz

—	电压（V）			电流（A）			阻抗电压（基于240MVA）		
位置	高压	中压	低压	高压	中压	低压	高–中	高–低	中–低
1	242000	—	—	572.6	—	—			—
9	220000	115000	37000	629.8	1204.9	2496.6			
17	198000	—	—	699.8	—	—			—

运行方式	工作状态	负载损耗	空载损耗 kW	油箱及储油柜抽成真空	总重（带散热器） 279t
高–中	240MAV	kW	空载电流 %	绝缘液体名称变压器油	器身重 140t
高–低	160MAV	kW	短路持续时间 2s	绝缘油牌号 25号	绝缘油重 60t
中–低	160MAV	kW	冷却方式 DNAN	运输方式 充气运输	运输重 164t
油及绕组温升限位 55/65K			使用条件 户外使用	最高环境温度 45°	每级分接变换手柄操作转数 33
有载开关型号 SHZVⅢ1000Y-126/C-10193W			额定电流 1000A	*Um* 126kV	相数 3相

图 2-11 某 220kV 三绕组变压器部分铭牌

解：（1）求等值电路中的电阻。折算后的短路功率损耗为

$$\left.\begin{aligned}
\Delta P_{\mathrm{k}(1-2)} &= \Delta P'_{\mathrm{k}(1-2)} = 720.022(\mathrm{kW}) \\
\Delta P_{\mathrm{k}(2-3)} &= \Delta P'_{\mathrm{k}(2-3)}\left(\frac{S_N}{\min\{S_{2N}, S_{3N}\}}\right)^2 = 289.674\times\left(\frac{240}{160}\right)^2 = 651.767(\mathrm{kW}) \\
\Delta P_{\mathrm{k}(3-1)} &= \Delta P'_{\mathrm{k}(3-1)}\left(\frac{S_N}{S_{3N}}\right)^2 = 347.665\times\left(\frac{240}{160}\right)^2 = 782.246(\mathrm{kW})
\end{aligned}\right\}$$

各侧绕组短路损耗为

$$\left.\begin{aligned}
\Delta P_{\mathrm{k1}} &= \frac{1}{2}\times(\Delta P_{\mathrm{k}(1-2)} + \Delta P_{\mathrm{k}(3-1)} - \Delta P_{\mathrm{k}(2-3)}) = \frac{1}{2}\times(720.022 + 782.246 - 651.767) = 425.251(\mathrm{kW}) \\
\Delta P_{\mathrm{k2}} &= \frac{1}{2}\times(\Delta P_{\mathrm{k}(1-2)} + \Delta P_{\mathrm{k}(2-3)} - \Delta P_{\mathrm{k}(3-1)}) = \frac{1}{2}\times(720.022 + 651.767 - 782.246) = 294.772(\mathrm{kW}) \\
\Delta P_{\mathrm{k3}} &= \frac{1}{2}\times(\Delta P_{\mathrm{k}(3-1)} + \Delta P_{\mathrm{k}(2-3)} - \Delta P_{\mathrm{k}(1-2)}) = \frac{1}{2}\times(782.246 + 651.767 - 720.022) = 357.00(\mathrm{kW})
\end{aligned}\right\}$$

各侧绕组电阻为

$$\left.\begin{aligned}
R_1 &= \frac{\Delta P_{\mathrm{k1}} U_{\mathrm{N}}^2}{S_{\mathrm{N}}^2}\times 10^3 = \frac{425.251\times 220^2}{240000^2}\times 10^3 = 0.357(\Omega) \\
R_2 &= \frac{\Delta P_{\mathrm{k2}} U_{\mathrm{N}}^2}{S_{\mathrm{N}}^2}\times 10^3 = \frac{294.772\times 220^2}{240000^2}\times 10^3 = 0.248(\Omega) \\
R_3 &= \frac{\Delta P_{\mathrm{k3}} U_{\mathrm{N}}^2}{S_{\mathrm{N}}^2}\times 10^3 = \frac{357.00\times 220^2}{240000^2}\times 10^3 = 0.300(\Omega)
\end{aligned}\right\}$$

（2）求等值电路中的电抗。各绕组短路电压百分比为

$$\left.\begin{aligned}
U_{\mathrm{k1}}\% &= \frac{1}{2}\left[U_{\mathrm{k}(1-2)}\% + U_{\mathrm{k}(3-1)}\% - U_{\mathrm{k}(2-3)}\%\right] = \frac{1}{2}\times(14.25\% + 25.97\% - 9.28\%) = 15.47\% \\
U_{\mathrm{k2}}\% &= \frac{1}{2}\left[U_{\mathrm{k}(1-2)}\% + U_{\mathrm{k}(2-3)}\% - U_{\mathrm{k}(3-1)}\%\right] = \frac{1}{2}\times(14.25\% + 9.28\% - 25.97\%) = -1.22\% \\
U_{\mathrm{k3}}\% &= \frac{1}{2}\left[U_{\mathrm{k}(2-3)}\% + U_{\mathrm{k}(3-1)}\% - U_{\mathrm{k}(1-2)}\%\right] = \frac{1}{2}\times(25.97\% + 9.28\% - 14.25\%) = 10.5\%
\end{aligned}\right\}$$

各侧绕组的电抗为

$$\left.\begin{aligned}X_1&=\frac{U_{k1}\%}{100}\frac{U_N^2}{S_N}\times10^3=\frac{15.47}{100}\times\frac{220^2}{240000}\times10^3=31.20(\Omega)\\X_2&=\frac{U_{k2}\%}{100}\frac{U_N^2}{S_N}\times10^3=\frac{-1.22}{100}\times\frac{220^2}{240000}\times10^3=-2.46(\Omega)\\X_3&=\frac{U_{k3}\%}{100}\frac{U_N^2}{S_N}\times10^3=\frac{10.5}{100}\times\frac{220^2}{240000}\times10^3=21.18(\Omega)\end{aligned}\right\}$$

（3）求等值电路中的电导。

$$G_T=\frac{\Delta P_0}{U_N^2}\times10^{-3}=\frac{92.913}{220^2}\times10^{-3}=1.92\times10^{-6}(S)$$

（4）求等值电路中的电纳。

$$I_0\%=\frac{\sqrt{3}I_0U_N}{S_N}\times100\%=\frac{\sqrt{3}\times0.05\times220}{240000}\times100\%=0.0079\%$$

$$B_T=\frac{I_0\%}{100}\frac{S_N}{U_N^2}\times10^{-3}=\frac{0.0079}{100}\times\frac{240000}{220^2}\times10^{-3}=0.39\times10^{-6}(S)$$

2.3.3 自耦变压器参数计算

自耦变压器的等值电路及其参数计算和普通变压器原理相同。通常，三绕组自耦变压器的第三绕组（低压绕组）接成三角形，以消除铁芯饱和引起的 3 次谐波，并且它的容量比变压器的额定容量小，因此需要考虑三绕组自耦变压器的容量归算问题。计算等值电阻和等值电抗时，根据提供的短路参数 $P'_{k(2-3)}$、$P'_{k(3-1)}$ 和 $U'_{k(2-3)}\%$、$U'_{k(3-1)}\%$，对短路试验的数据进行折算，见式（2–26）、式（2–27），其他参数计算与普通变压器相同。

$$\left.\begin{aligned}P_{k(2-3)}&=P'_{k(2-3)}\left(\frac{S_N}{S_{3N}}\right)^2\\P_{k(3-1)}&=P'_{k(3-1)}\left(\frac{S_N}{S_{3N}}\right)^2\end{aligned}\right\}\tag{2–26}$$

$$
\left.\begin{aligned}
U_{k(2-3)}\% &= U'_{k(2-3)}\%\,\frac{S_N}{S_{3N}}\\
U_{k(3-1)}\% &= U'_{k(3-1)}\%\,\frac{S_N}{S_{3N}}
\end{aligned}\right\}\qquad(2\text{–}27)
$$

式中：$P'_{k(2-3)}$、$P'_{k(3-1)}$ 分别为中—低压和低—高压绕组流过额定电流 I_N 时所产生的损耗，kW；$U'_{k(2-3)}\%$、$U'_{k(3-1)}\%$ 分别为中—低压和低—高压绕组短路电压百分比。

【例 2–3】某 500kV 自耦变压器铭牌如图 2–12 所示。图中，额定容量 334/334/90MVA，额定电压 510/$\sqrt{3}$/230/$\sqrt{3}$/36kV。此外，空载电流百分比 0.029%，空载损耗为 64.9kW，短路电压百分比为高—中压 15.43%、高—低压

型　　号 ODRS9–334MVA/500kV 标准代号GB1094.1–96 相 数 1
额定容量 334000/334000/90000kVA 额定电压 510/$\sqrt{3}$/230/$\sqrt{3}$/36kV
联结组标号Ia0I0 频率50Hz 使用条件 户外 声级水平：73/73dB(A)
绕组温升55K 顶层油温升 50K 冷却方式ONAN/ONAF 60/100%
绝缘水平 LI1550 SI1175–LI325AC140/LI950 AC395/LI200 AC85

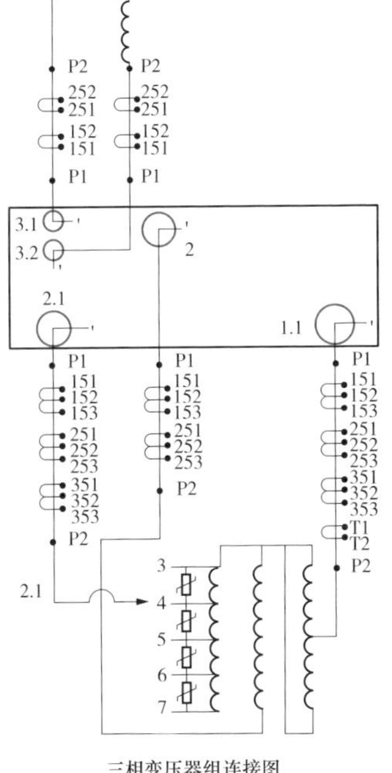

三相变压器组连接图

出线端子	电压 kV	电流 A	触头位置	分接位置
1.1–2	510.00/$\sqrt{3}$	1134.3		
2.1–2	241.50/$\sqrt{3}$	2395.5	7–2.1	1
	235.75/$\sqrt{3}$	2453.9	6–2.1	2
	230.00/$\sqrt{3}$	2515.2	5–2.1	3
	224.25/$\sqrt{3}$	2579.7	4–2.1	4
	218.50/$\sqrt{3}$	2647.6	3–2.1	5
3.1–3.2	36.00	4330.0/$\sqrt{3}$		

套管式电流互感器技术性能数据

位置	电流比（A）	准确级	负荷（VA）	接线端	功能
1.1	1600/3200/1	10P20	25	3S1/1S2/1S3	保护
	1600/3200/1	TPY	10	2S1/2S2/2S3	保护
	1600/3200/1	0.5	25	3S1/3S2/3S3	测量
	1134.3/1.5	1.0	15	T1–T2	温度测量
2.1	1600/3200/1	10P20	25	1S1/1S2/1S3	保护
	1600/3200/1	TPY	10	2S1/2S2/2S3	保护
	1600/3200/1	0.5	25	3S1/3S2/3S3	测量
2	1600/3200/1	TPY	10	1S1/1S2/1S3	保护
	1600/3200/1	10P20	25	2S1/2S2/2S3	保护
3.1	10000/1	10P10	25	1S1/1S2	保护
	10000/1	0.5	25	2S1/2S2	测量
3.2	10000/1	TPY	10	1S1/1S2	保护
	10000/1	10P10	25	2S1/2S2	保护

图 2–12　某 500kV 自耦变压器铭牌

57.21%、中—低压 36.42%，短路损耗为高—中压 435.2kW、高—低压 121.7kW、中—低压 117.3kW。试求该自耦变压器等值电路参数（归算到高压侧）。

解：（1）电阻。折算到高压侧的短路功率损耗为

$$\left.\begin{aligned}\Delta P_{k(1-2)} &= \Delta P'_{k(1-2)} = 435.2(\text{kW})\\ \Delta P_{k(2-3)} &= \Delta P'_{k(2-3)}\left(\frac{S_N}{\min\{S_{2N},S_{3N}\}}\right)^2 = 117.3\times\left(\frac{334}{90}\right)^2 = 1615.50(\text{kW})\\ \Delta P_{k(3-1)} &= \Delta P'_{k(3-1)}\left(\frac{S_N}{S_{3N}}\right)^2 = 121.7\times\left(\frac{334}{90}\right)^2 = 1676.09(\text{kW})\end{aligned}\right\}$$

各侧绕组短路损耗为

$$\left.\begin{aligned}\Delta P_{k1} &= \frac{1}{2}(\Delta P_{k(1-2)}+\Delta P_{k(3-1)}-\Delta P_{k(2-3)}) = \frac{1}{2}\times(435.2+1676.09-1615.50) = 247.90(\text{kW})\\ \Delta P_{k2} &= \frac{1}{2}(\Delta P_{k(1-2)}+\Delta P_{k(2-3)}-\Delta P_{k(3-1)}) = \frac{1}{2}\times(435.2+1615.50-1676.09) = 187.31(\text{kW})\\ \Delta P_{k3} &= \frac{1}{2}(\Delta P_{k(3-1)}+\Delta P_{k(2-3)}-\Delta P_{k(1-2)}) = \frac{1}{2}\times(1676.09+1615.50-435.2) = 1428.20(\text{kW})\end{aligned}\right\}$$

各侧绕组电阻为

$$\left.\begin{aligned}R_1 &= \frac{\Delta P_{k1}U_N^2}{S_N^2}\times10^3 = \frac{247.90\times510^2}{334000^2\times3}\times10^3 = 0.193(\Omega)\\ R_2 &= \frac{\Delta P_{k2}U_N^2}{S_N^2}\times10^3 = \frac{187.31\times510^2}{334000^2\times3}\times10^3 = 0.146(\Omega)\\ R_3 &= \frac{\Delta P_{k3}U_N^2}{S_N^2}\times10^3 = \frac{1428.20\times510^2}{334000^2\times3}\times10^3 = 1.110(\Omega)\end{aligned}\right\}$$

（2）电抗。各绕组短路电压百分比为

$$\left.\begin{aligned}U_{k1}\% &= \frac{1}{2}\left[U_{k(1-2)}\%+U_{k(3-1)}\%-U_{k(2-3)}\%\right] = \frac{1}{2}\times(15.43\%+57.21\%-36.42\%) = 18.11\%\\ U_{k2}\% &= \frac{1}{2}\left[U_{k(1-2)}\%+U_{k(2-3)}\%-U_{k(3-1)}\%\right] = \frac{1}{2}\times(15.43\%+36.42\%-57.21\%) = -2.68\%\\ U_{k3}\% &= \frac{1}{2}\left[U_{k(2-3)}\%+U_{k(3-1)}\%-U_{k(1-2)}\%\right] = \frac{1}{2}\times(36.42\%+57.21\%-15.43\%) = 39.1\%\end{aligned}\right\}$$

各绕组电抗为

$$\left.\begin{aligned}X_1&=\frac{U_{k1}\%}{100}\frac{U_N^2}{S_N}\times10^3=\frac{18.11}{100}\times\frac{510^2}{334000\times3}\times10^3=47.01(\Omega)\\X_2&=\frac{U_{k2}\%}{100}\frac{U_N^2}{S_N}\times10^3=\frac{-2.68}{100}\times\frac{510^2}{334000\times3}\times10^3=-6.96(\Omega)\\X_3&=\frac{U_{k3}\%}{100}\frac{U_N^2}{S_N}\times10^3=\frac{39.1}{100}\times\frac{510^2}{334000\times3}\times10^3=101.50(\Omega)\end{aligned}\right\}$$

（3）电导为

$$G_T=\frac{\Delta P_0}{U_N^2}\times10^{-3}=\frac{64.9\times3}{510^2}\times10^{-3}=0.749\times10^{-6}(S)$$

（4）电纳为

$$B_T=\frac{I_0\%}{100}\frac{S_N}{U_N^2}\times10^3=\frac{0.029}{100}\times\frac{334000\times3}{510^2}\times10^{-3}=1.117\times10^{-6}(S)$$

2.3.4 变压器等值电路

在计算中，一般将变压器二次绕组的电阻和漏抗折算到一次绕组。双绕组变压器和三绕组变压器的等值电路如图 2-13 所示。自耦变压器的等值电路与普通变压器的相同。

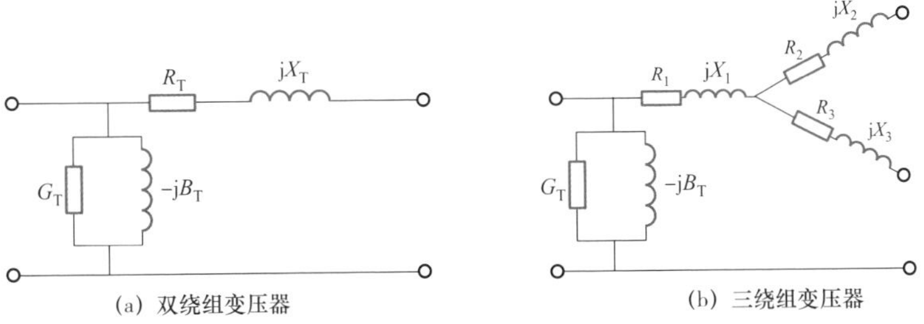

图 2-13 变压器的等值电路

负荷的参数和等值电路

负荷特性反映了综合负荷的功率与系统运行参数（主要是电压和频率）之间的变化规律，包括动态特性和静态特性。动态特性反映电压和频率在急剧变化时负荷功率随时间的变化情况，静态特性表示稳态下负荷功率与电压和频率的关系。

2.4.1 综合负荷静态特性

综合负荷的电压静态特性指电压在缓慢变化时负荷功率的变化特性，反映了负荷功率与端电压的关系，分为有功功率—电压静态特性和无功功率—电压静态特性，如图 2-14（a）所示。以系数 K_{PV} 和 K_{QV} 来分别衡量有功负荷、无功负荷与电压的关系，即

$$K_{PV}=\frac{dP}{dU} \tag{2-28}$$

$$K_{QV}=\frac{dQ}{dU} \tag{2-29}$$

综合负荷的频率静态特性指频率在缓慢变化时负荷功率的变化特性，反映了负荷功率与系统频率的关系，分为有功功率—频率静态特性和无功功率—频率静态特性，如图 2-14（b）所示。以系数 K_{Pf} 和 K_{Qf} 分别表示有功功率、无功功率与频率的关系，即

$$K_{Pf}=\frac{dP}{df} \tag{2-30}$$

$$K_{\mathrm{Qf}}=\frac{\mathrm{d}Q}{\mathrm{d}f} \tag{2-31}$$

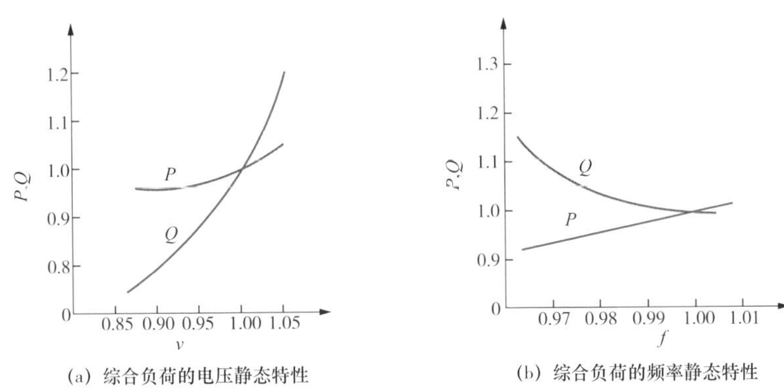

图 2-14　综合负荷的静态特性

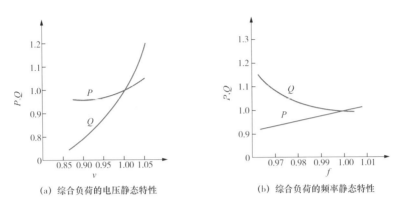

可以看出，负荷的无功功率对电压的变化影响更大，负荷有功功率与频率的变化影响更大。

2.4.2　负荷模型

1. 恒定功率负荷模型

$$\dot{S}_{\mathrm{D}}=P_{\mathrm{D}}+\mathrm{j}Q_{\mathrm{D}} \tag{2-32}$$

式中：P_{D}、Q_{D} 为额定电压下的三相对称负荷功率。

恒定功率负荷模型的等值电路如图 2-15 所示。

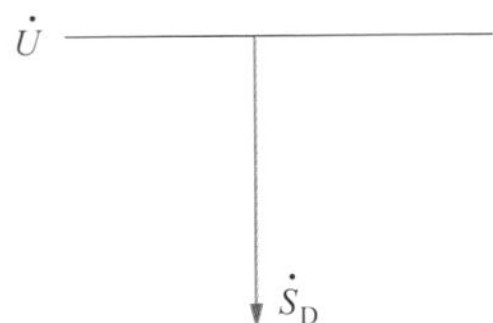

图 2-15　恒定功率负荷模型的等值电路

2. 恒定阻抗负荷模型

根据额定线电压 U_{N} 和三相负荷功率 $P_{\mathrm{D}}+\mathrm{j}Q_{\mathrm{D}}$，将三相对称负荷等值成三

相星形恒定阻抗，恒定负荷模型的等值电路如图 2-16 所示，每相阻抗为

$$Z_D = R_D + jX_D \tag{2-33}$$

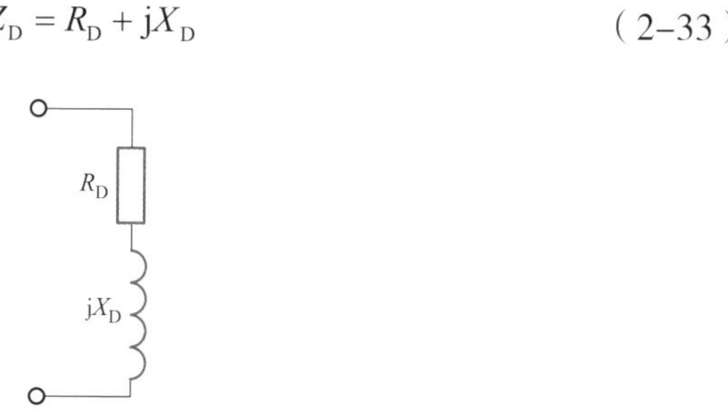

图 2-16　恒定阻抗负荷模型的等值电路

3. 线性组合负荷模型

$$\left.\begin{aligned} P_D &= P_{DN} + (U - U_N)K_{PV} \\ Q_D &= Q_{DN} + (U - U_N)K_{QV} \end{aligned}\right\} \tag{2-34}$$

式中：P_{DN} 为额定电压下三相有功功率；Q_{DN} 为额定电压下三相无功功率；K_{PV} 为有功功率电压调节效应系数；K_{QV} 为无功功率电压调节效应系数。

4. 异步电动机模型

异步电动机模型的等值电路如图 2-17 所示。图中，r_m、r_1 和 r_2' 分别为异步电动机励磁电阻、定子电阻和转子电阻，X_m、X_1 和 X_2' 分别为异步电动机励磁电抗、定子电抗和转子电抗。

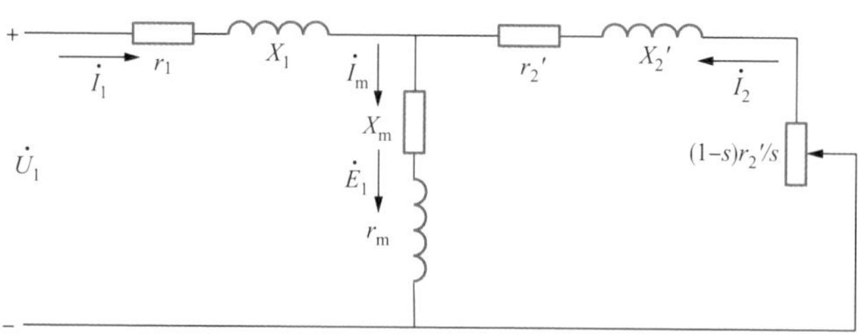

图 2-17　异步电动机模型的等值电路

电力系统标幺制

2.5.1 标幺制的概念

所谓标幺制，就是采用标幺值来表示一个物理量，即将该物理量以其有名值与基准值的比值来表示。因此，标幺值的表达式为

$$标幺值=\frac{实际有名值（任意单位）}{基准值（与有名值同单位）}$$

显然，同一个有名值，当选取的基准值不同时，其标幺值也不相同。所以针对某一物理量，当采用标幺值时必须同时说明选取的基准值，否则标幺值没有意义。

统一选定电压、电流、功率和阻抗的基准值分别为 U_B、I_B、S_B 和 Z_B，相应电压、电流、功率和阻抗的标幺值计算公式为

$$\left.\begin{aligned} U_* &= \frac{U}{U_B} \\ I_* &= \frac{I}{I_B} \\ S_* &= \frac{S}{S_B} = \frac{P+jQ}{S_B} = P_* + jQ_* \\ Z_* &= \frac{Z}{Z_B} = \frac{R+jX}{Z_B} = R_* + jX_* \end{aligned}\right\} \quad (2-35)$$

2.5.2 有名值与标幺值间的换算

在选定基准值时，习惯上只选定 U_B 和 S_B，电流和阻抗的标幺值的计算公式为

$$\left.\begin{aligned} I_* &= \frac{I}{I_B} = \frac{\sqrt{3}U_B I}{S_B} \\ Z_* &= R_* + jX_* = R\frac{S_B}{U_B^2} + jX\frac{S_B}{U_B^2} \end{aligned}\right\} \tag{2-36}$$

采用标幺值进行计算，最后需要将标幺值换算成有名值，其换算公式为

$$\left.\begin{aligned} U &= U_* U_B \\ I &= I_* I_B = I_*\frac{S_B}{\sqrt{3}U_B} \\ S &= S_* S_B \\ Z &= (R_* + jX_*)\frac{U_B^2}{S_B} \end{aligned}\right\} \tag{2-37}$$

2.5.3 不同基准值的标幺值间的换算

电力系统中各元件参数在计算时需按统一的基准值进行归算，归算时额定标幺阻抗应先换算为有名值，再归算至统一基准值下的标幺值。举例如下：

（1）发电机和变压器的标幺电抗换算公式为

$$X = X_{(N)*}\frac{U_N^2}{S_N} \tag{2-38}$$

$$X_{(B)*} = X\frac{S_B}{U_B^2} = X_{(N)*}\frac{U_N^2}{S_N}\frac{S_B}{U_B^2} \tag{2-39}$$

（2）电抗器的标幺电抗换算公式为

$$X = X_{(N)*}\frac{U_N}{\sqrt{3}I_N} \tag{2-40}$$

$$X_{(B)*} = X\frac{S_B}{U_B^{\ 2}} = X_{(N)*}\frac{U_N}{\sqrt{3}I_N}\frac{S_B}{U_B^{\ 2}} \tag{2-41}$$

2.5.4 多电压等级网络元件参数标幺值的计算

图 2–18（a）所示电力系统含有三个电压等级、两台变压器、一台电抗器 L、一段架空线路 L1 和一段电缆线路 L2，各元件电抗用有名值表示的等值电路如图 2–18（b）所示。现以该系统说明多电压等级网络元件参数标幺值的计算。

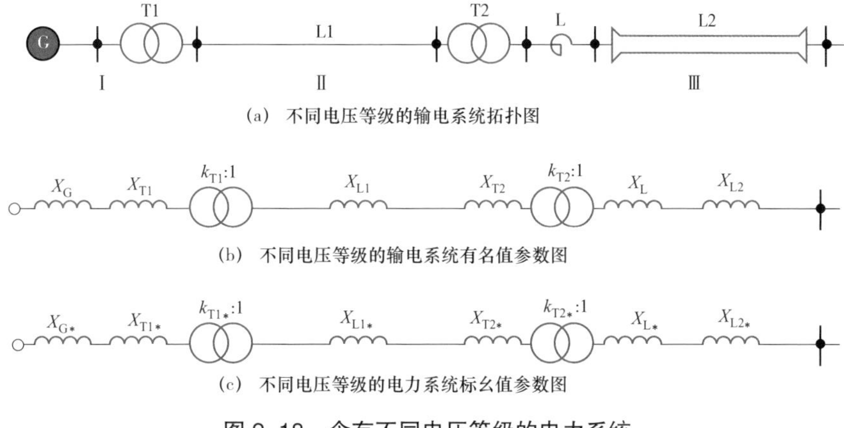

图 2–18 含有不同电压等级的电力系统

发电机电抗标幺值计算公式为

$$X_{G*} = X_G\frac{S_B}{U^2_{B(\mathrm{I})}} \tag{2-42}$$

变压器 T1 电抗标幺值计算公式为

$$X_{T1*} = X_{T1}\frac{S_B}{U^2_{B(\mathrm{I})}} \tag{2-43}$$

线路 L1 电抗标幺值为

$$X_{L1*} = X_L\frac{S_B}{U^2_{B(\mathrm{II})}} \tag{2-44}$$

变压器 T2 电抗标幺值为

$$X_{T2*}=X_{T2}\frac{S_B}{U^2_{B(\text{II})}} \tag{2-45}$$

电抗器 L 的电抗标幺值为

$$X_{L*}=X_L\frac{S_B}{U^2_{B(\text{III})}} \tag{2-46}$$

电缆 L2 电抗标幺值为

$$X_{L2*}=X_{L2}\frac{S_B}{U^2_{B(\text{III})}} \tag{2-47}$$

变压器 T1 变比标幺值为

$$k_{T1*}=\frac{k_{T1}}{k_{B(\text{I-II})}}=\frac{U_{T1(N1)}/U_{T1(N2)}}{U_{B(\text{I})}/U_{B(\text{II})}} \tag{2-48}$$

变压器 T2 变比标幺值为

$$k_{T2*}=\frac{k_{T2}}{k_{B(\text{II-III})}}=\frac{U_{T2(N1)}/U_{T2(N2)}}{U_{B(\text{II})}/U_{B(\text{III})}} \tag{2-49}$$

式中：$k_{B(\text{I-II})}=U_{B(\text{I})}/U_{B(\text{II})}$ 为第 Ⅰ 段和第 Ⅱ 段的基准电压之比，称为基准变比（标准变比）。其用标幺值表示的等值电路如图 2-18（c）所示，图中理想变压器的变比也用标幺值表示。

在工程计算中，为了统一计算，各电压等级电网给定一个平均标称电压，作为该等级电压的基准值。一般取该电压等级电网升压变压器和降压变压器额定值的平均值作为该等级电网的平均标称电压。电力系统中常用平均标称电压见表 2-1。

表 2-1　　电力系统中常用平均标称电压

电网额定电压（kV）	3	6	10	35	110	220	330	500
电网平均标称电压（kV）	3.15	6.3	10.5	37	115	230	345	525

【例 2-4】110kV 电力系统如图 2-19 所示，系统 A、B 参数：S_{AN}=75MVA、

X_A=0.38、S_{BN}=535MVA、X_B=0.304（以各自容量为基准值），线路L1~L3长度分别为10、5、24km，每回线均为0.4Ω/km。已知母线④的短路容量为3500MVA，试求系统C的等值电抗。

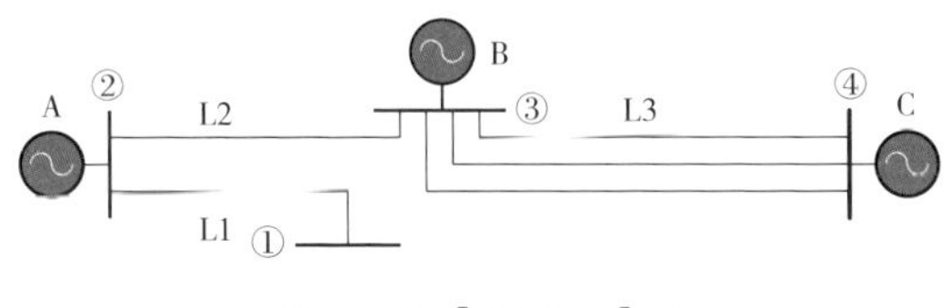

图2–19 【例2–4】图

解：现将系统A、B、C归算至统一基准值的标幺值，取基准值S_B=100MVA，U_B=U_{av}=115kV，则

$$x_{A*}=X_A\frac{S_B}{S_{AN}}=0.38\times\frac{100}{75}=0.5067$$

$$x_{B*}=X_B\frac{S_B}{S_{BN}}=0.304\times\frac{100}{535}=0.0568$$

$$x_{L1*}=x_{L1}\frac{S_B}{U_B^2}=0.4\times10\times\frac{100}{115^2}=0.0302$$

$$x_{L2*}=x_{L2}\frac{S_B}{U_B^2}=0.4\times5\times\frac{100}{115^2}=0.0151$$

$$x_{L3*}=x_{L3}\frac{S_B}{U_B^2}=\frac{1}{3}\times0.4\times24\times\frac{100}{115^2}=0.0242$$

假设各系统电压标幺值均为1.0，母线④短路，各元件电抗标幺值及系统C等值电抗换算过程如图2–20所示。

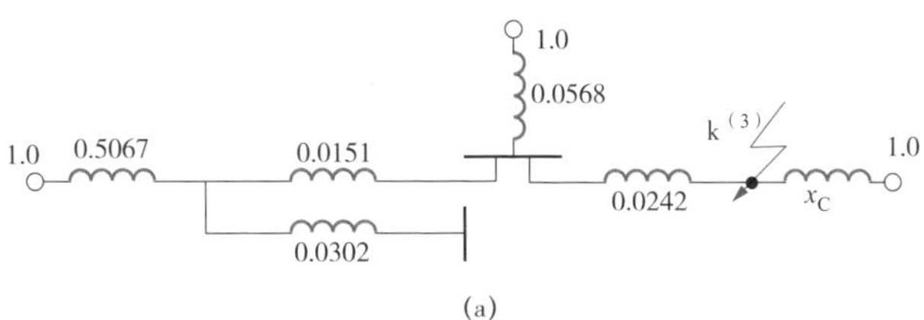

图2–20 【例2–4】短路电抗换算过程图（一）

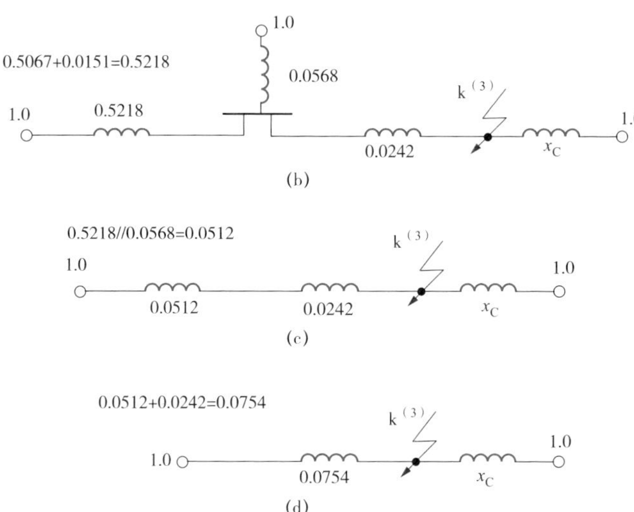

图 2-20 【例 2-4】短路电抗换算过程图（二）

图 2-19 中母线④短路时，短路电流标幺值等于系统短路容量标幺值，即

$$I_*'' = S_* = \frac{1}{0.0754} + \frac{1}{x_{C*}} = \frac{3500}{100} = 35$$

则有

$$X_{C*} = 0.046$$

$$x_c = X_{C*}\frac{U_B^2}{S_B} = 0.046 \times 132.25 = 6.0835(\Omega)$$

小结

电力系统数学模型是开展电力系统分析的基础，是进行潮流计算、短路电流计算、运行方式安排以及继电保护整定计算必备支撑。本章针对电力系统数学模型展开两方面探讨，电力元件的数学模型和参数计算，以及标幺制在电力系统中的应用。

稳态时计算发电机参数，是利用派克变换将理想同步发电机电动势方程和磁链方程从 abc 坐标系转换到 dq0 坐标系，相对位置从静止的定子移动到转子上，得到同步发电机的基本方程，从而得到发电机的数学模型和等值电路。

电力线路是组成电网的主要设备之一，主要分为架空线路和电缆线路。单位长度线路的等值电路可用一个 T 形或 Π 形集中参数来表示，由电阻、电抗、电导和电纳四个参数组成。实际中可根据线路的材料、在杆塔上的布置方式以及线路长度等信息，计算得到线路的四个参数，来建立电力线路等值电路模型。

变压器主要分为双绕组变压器、三绕组变压器和自耦变压器，其等值电路可由阻抗和导纳参数构成。实际中，变压器参数采用试验的方法获取，通过短路试验得到短路损耗、短路电压百分比；通过开路试验，可以获取空载损耗、空载电流百分比。

电力负荷静态特性包括电压特性和频率特性，其常用负荷模型包括恒功率负荷模型、恒阻抗负荷模型、线性组合模型等。只有在计算要求准确度较高时，才计及负荷静态特性。

在采用标幺制进行电力系统计算时，习惯上选电压和功率的基准值，但在工程计算中，一般选平均标称电压作为该等级电压的基准值。不同基准值的标幺值间需进行换算，不同电压等级的标幺值也需要将其归算到同一电压等级。值得注意的是，虽然有名值和标幺值表示的电网络的数学参数差距较大，但两种方法的最终计算结果完全相同。

通过本章学习，可以掌握电力系统中各元件的数学模型，并熟练利用有名制和标幺制进行相关参数的计算，为后续潮流计算、短路计算以及稳定性分析打好基础。

习题与思考题

2-1 架空输电线路的电阻、电抗、电导、电纳如何计算？影响电抗参数的主要因素是什么？

2-2 330kV架空线路长100km，采用LGJQ-300型导线，水平排列，邻近相间间隔8m，导线分裂间距400mm，直径24.2mm。试计算输电线路的等值电路参数（忽略电导）。

2-3 已知双绕组变压器容量为31500kVA，额定电压为121/10.5kV，ΔP_k=20kW，$U_k\%$ =10.5，ΔP_0=10kW，$I_0\%$=0.5。计算该变压器等值电路的参数。

2-4 三相三绕组变压器中，额定容量20000/20000/10000kVA，额定电压110/38.5/11kV，空载电流为3.6A（高压侧），空载损耗为50kW，短路损耗$\Delta P_{k(1\text{-}2)}$、$\Delta P_{k(2\text{-}3)}$、$\Delta P_{k(3\text{-}1)}$分别为150、58、65kW，短路电压$U_{k(1\text{-}2)}\%$、$U_{k(3\text{-}1)}\%$、$U_{k(2\text{-}3)}\%$分别为10.6%、17.5%、6.5%。试求变压器等值电路。

2-5 变压器额定容量为31.5MVA，变比为121/10.5，高压绕组和低压绕组电抗分别为20Ω和0.2Ω。分别求折算到高压侧和低压侧的电抗有名值和标幺值。（S_B=100MVA）

2-6　某供电系统如图 2-21 所示，变压器容量为 100MVA，$U_k\%$=10.5，变比为 10.5/121，线路电抗为 50Ω，忽略变压器励磁支路、变压器和线路电阻，试求变压器和线路的标幺制参数。

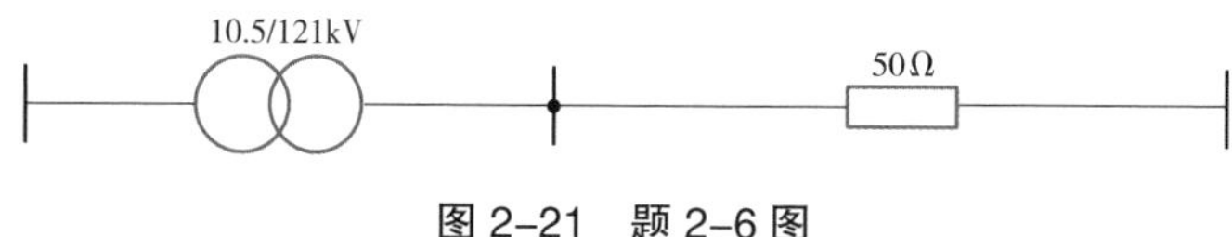

图 2-21　题 2-6 图

第3章 CHAPTER THREE

电力系统潮流计算 03

通过潮流计算可以确定电力系统各部分电压和功率的稳态分布，用于分析和评价电力系统运行的安全、经济和优质特性，服务于电力系统的运行和规划。随着电力工业的发展，电力网络越来越复杂，计算机技术的发展可靠解决了电力系统面临的海量计算问题。本章主要介绍两方面内容，一是潮流计算的基础，二是复杂电力网络中潮流计算的基本原理。

潮流计算的基础

3.1.1 网络元件的电压降落

电压降落是指网络元件首、末端两点电压的相量差，本节网络元件主要介绍电力线路。

设某电力线路一相的等值电路如图 3–1 所示，R 和 X 分别为该线路的电阻和等值电抗，S' 和 S'' 分别为首、末端的负荷功率，$\dot{U}_1$ 和 $\dot{U}_2$ 分别为首、末端的相电压，$\dot{I}$ 为流过网络元件的相电流。

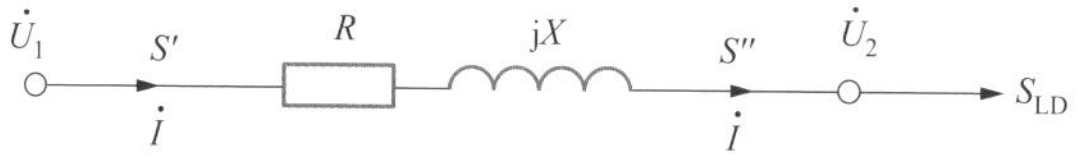

图 3–1 某电力线路一相的等值电路

线路首、末端电压降落计算公式为

$$\mathrm{d}\dot{U}=\dot{U}_1-\dot{U}_2=(R+\mathrm{j}X)\dot{I} \tag{3–1}$$

已知首、末端电压 $\dot{U}_1$、$\dot{U}_2$ 中的任意一个，根据相量图和伏安特性可写出另外一个，具体说明如下。

1. 以相量 $\dot{U}_2$ 为参考轴

已知 $\dot{I}$、$\cos\varphi_2$，其中 φ_2 为末端阻抗角，作电压降落相量图如图 3–2 所示。

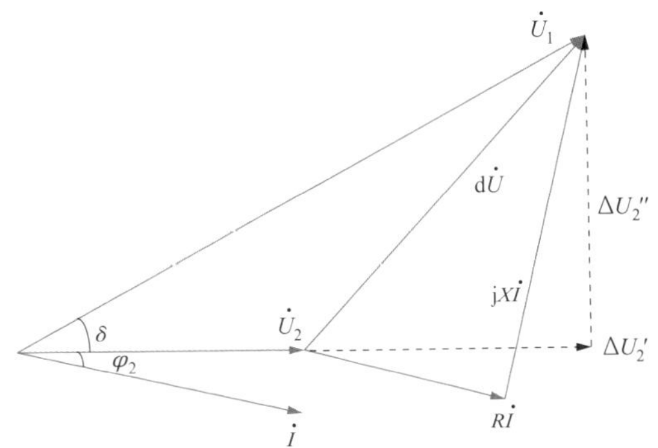

图 3-2 电压降落相量图（以相量 $\dot{U}_2$ 为参考轴）

将电压降落 $\mathrm{d}\dot{U}$分解为 $\Delta U_2'$ 和 $\Delta U_2''$ 两个分量，其表达式为

$$\left.\begin{aligned}\Delta U_2''&=XI\cos\varphi_2-RI\sin\varphi_2\\ \Delta U_2'&=RI\cos\varphi_2+XI\sin\varphi_2\end{aligned}\right\}\tag{3-2}$$

末端负荷功率 S'' 可表示为

$$S''=\dot{U}_2\dot{I}=P''+\mathrm{j}Q''=U_2I\cos\varphi_2+\mathrm{j}U_2I\sin\varphi_2\tag{3-3}$$

电压降落的 $\Delta U_2'$ 和 $\Delta U_2''$ 两个分量用 P'' 和 Q'' 可表示为

$$\left.\begin{aligned}\Delta U_2'&=\frac{P''R+Q''X}{U_2}\\ \Delta U_2''&=\frac{P''X-Q''R}{U_2}\end{aligned}\right\}\tag{3-4}$$

线路首端电压的计算公式为

$$\left.\begin{aligned}\dot{U}_1=U_1\angle\delta=\dot{U}_2+\mathrm{d}\dot{U}&=(U_2+\Delta U_2')+\mathrm{j}\Delta U_2''\\ U_1&=\sqrt{(U_2+\Delta U_2')^2+\Delta U_2''^2}\\ \delta&=\arctan\frac{\Delta U_2''}{U_2+\Delta U_2'}\end{aligned}\right\}\tag{3-5}$$

式中：δ 为首末端电压相量的相位差。

一般情况下，$U_2+\Delta U_2'>>\Delta U_2''$，即电压降落的 $\Delta U_2''$ 对电压 U_1 的大小影响很小，可忽略，故也可用电压降落的 $\Delta U_2'$ 近似代替电压损耗。110kV 及以下电压等级的网络均可按此处理，仅在 220kV 及以上网络才考虑 $\Delta U_2''$ 的影响。

2. 以相量 $\dot{U}_1$ 为参考轴

电压降落相量图如图 3–3 所示。

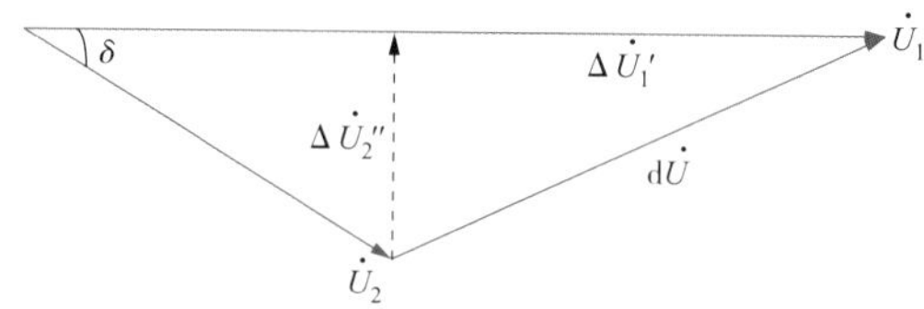

图 3–3　电压降落相量图（以相量 $\dot{U}_1$ 为参考轴）

同理，电压降落 $\mathrm{d}\dot{U}$ 分解为 $\Delta U_1'$ 和 $\Delta U_1''$ 两个分量，可用 S' 表示首端负荷功率，其表达式为

$$S' = \dot{U}_1 \dot{I} = P' + \mathrm{j}Q' = U_1 I\cos\varphi_1 + \mathrm{j}U_1 I\sin\varphi_1 \tag{3–6}$$

式中：φ_1 为首端阻抗角。

因为

$$\left.\begin{aligned}\Delta U_1' &= \frac{P'R+Q'X}{U_1}\\ \Delta U_1'' &= \frac{P'X-Q'R}{U_1}\end{aligned}\right\} \tag{3–7}$$

则线路末端电压为

$$\left.\begin{aligned}&\dot{U}_2 = U_2\angle\delta = \dot{U}_1 - \mathrm{d}\dot{U} = (U_1-\Delta U_1') - \mathrm{j}\Delta U_1''\\ &U_2 = \sqrt{(U_1-\Delta U_1')^2+\Delta U_1''^2}\\ &\delta = \tan^{-1}\frac{-\Delta U_1''}{U_1-\Delta U_1'}\end{aligned}\right\} \tag{3–8}$$

在高压架空线路中，输电线路、变压器的参数中 $X>>R$，因此在其等值电路中可忽略电阻 R，认为 $R\approx 0$。由此可得到电力系统潮流分布的重要特性，即 PQ 解耦特性，由式（3–7）可简化为

$$\left.\begin{aligned}\Delta U_1' &= \frac{Q'X}{U_1}\\ \Delta U_1'' &= \frac{P'X}{U_1}\end{aligned}\right\}$$

在高压架空线输电系统中，电压降落的 $\Delta U_1'$ 分量主要取决于所输送的无功功率，电压降落的 $\Delta U_1''$ 分量主要取决于所输送的有功功率。由于一般情况下 $U_1+\Delta U_1' >> \Delta U_1''$，因此 $\Delta U_1'$ 分量主要影响电压的幅值，$\Delta U_1''$ 分量主要影响电压的相角。综上所述，高压输电线路两端电压幅值的大小主要取决于所输送的无功功率，无功功率从电压幅值高的节点流向电压幅值低的节点；两端电压的相角差主要取决于所输送的有功功率，有功功率从电压相角超前的节点流向电压相角滞后的节点。

3.1.2 网络元件的电压偏移与电压损耗

人们往往关心的是电力系统各个节点电压的幅值及线路首、末端电压幅值之差，这就引入了电压偏移与电压损耗的概念。

所谓电压偏移指的是某节点电压 U 与额定电压 U_N 的差 $U-U_N$，用百分比表示为 $\frac{U-U_N}{U_N}\times 100\%$。

所谓电压损耗指的是网络元件的首、末两端电压的幅值差。对于图 3–1 所示电路，电压损耗 ΔU 的计算公式为

$$\Delta U = U_2 - U_1 \tag{3-9}$$

用百分比表示为

$$\Delta U\% = \frac{U_2 - U_1}{U_N}\times 100\% \tag{3-10}$$

式中：U_N 为网络元件的额定电压。

3.1.3 网络元件的功率损耗

从元件角度，网络元件的功率损耗包括电流通过电阻和等值电抗时产生的功率损耗，以及电压施加于元件的对地等值导纳产生的损耗，如图 3–4 所

示。从功率角度，网络元件的功率损耗包括有功功率损耗和无功功率损耗。这里主要介绍电力线路和变压器的功率损耗。

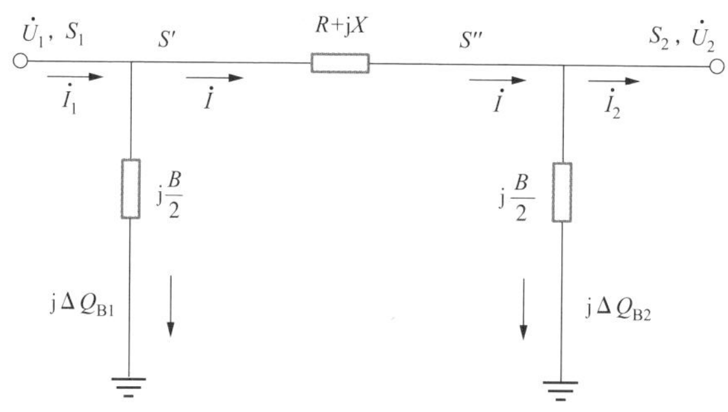

(a) 电力线路等值电路图

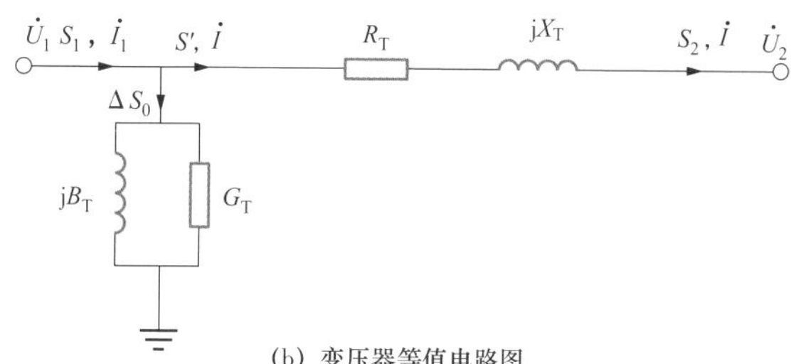

(b) 变压器等值电路图

图 3-4　电力线路和变压器的等值电路

1. 电力线路的功率损耗

电流在电力线路的电阻 R 和电抗 X 上产生的功率损耗为

$$\Delta S_L = \Delta P_L + j\Delta Q_L = I^2(R + jX) = \frac{P''^2 + Q''^2}{U_2^2}(R + jX) \tag{3-11}$$

或

$$\Delta S_L = \frac{P'^2 + Q'^2}{U_1^2}(R + jX) \tag{3-12}$$

在外加电压的作用下，电力线路对地电容产生的无功功率损耗为

$$\left.\begin{aligned}\Delta Q_{B1} &= -\frac{BU_1^2}{2}\\ \Delta Q_{B2} &= -\frac{BU_2^2}{2}\end{aligned}\right\} \tag{3-13}$$

需说明的是，消耗无功功率取正，产生无功功率取负。

2. 变压器的功率损耗

变压器绕组电阻 R_T 和电抗 X_T 产生的功率损耗，计算公式与线路的相似。变压器的励磁损耗可由励磁支路的导纳支路计算

$$\Delta S_0 = (G_T + jB_T)U^2 \tag{3-14}$$

实际计算中，变压器的励磁损耗也可用空载试验的数据计算，常常忽略电压损耗的影响，即

$$\Delta S_0 = \Delta P_0 + j\Delta Q_0 = \Delta P_0 + j\frac{I_0\%}{100}S_N \tag{3-15}$$

式中：ΔP_0 为变压器的空载损耗；$I_0\%$ 为变压器的空载电流百分比；S_N 为变压器的额定容量。

对于 35kV 以下的电力网络，变压器的励磁功率可略去不计。

在实际系统中，常将输电效率作为衡量输电线路的经济指标。所谓输电效率即线路末端有功功率 P_2 与线路始端有功功率 P_1 的比值，通常用百分数表示为

$$\eta = \frac{P_2}{P_1} \times 100\% \tag{3-16}$$

电力系统潮流计算

电力系统中电压和功率的稳态分布，通常称为潮流分布。常用的计算机算法有牛顿—拉夫逊法和 PQ 分解法，计算的主要潮流参数包括各节点的电压幅值和相角、各支路有功和无功功率分布等。

3.2.1 潮流计算的节点类型

电力系统中的节点一般指不同元件的联络点，现以一个3节点的简单电力系统说明潮流计算，如图3-5所示。

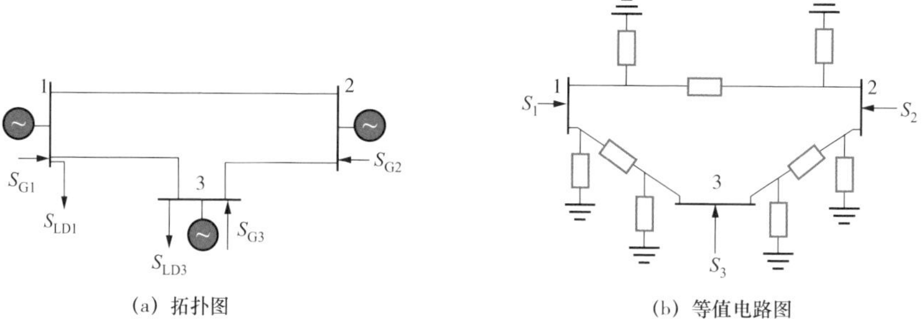

图3-5 简单电力系统网络图

系统的节点电压方程为

$$\begin{bmatrix} \dot{I}_1 \\ \dot{I}_2 \\ \dot{I}_3 \end{bmatrix} = \begin{bmatrix} Y_{11} & Y_{12} & Y_{13} \\ Y_{21} & Y_{22} & Y_{23} \\ Y_{31} & Y_{32} & Y_{33} \end{bmatrix} \begin{bmatrix} \dot{U}_1 \\ \dot{U}_2 \\ \dot{U}_3 \end{bmatrix} \tag{3-17}$$

式中：$\dot{I}_1$、$\dot{I}_2$、$\dot{I}_3$为注入节点1、2、3的电流；$\dot{U}_1$、$\dot{U}_2$、$\dot{U}_3$为节点1、2、3的节点电压；Y_{ij}为节点i、j间的导纳，i、j=1、2、3。

若拓展到n个节点，则第i个节点电流用节点功率和电压表示为

$$\dot{I}_i = \frac{\overset{*}{S}_i}{\overset{*}{U}_i} = \frac{\overset{*}{S}_{Gi} - \overset{*}{S}_{LDi}}{\overset{*}{U}_i} = \frac{(P_{Gi} - P_{LDi}) - \mathrm{j}(Q_{Gi} - Q_{LDi})}{\overset{*}{U}_i}，\quad i=1，2，3\cdots，n \tag{3-18}$$

式中：$\overset{*}{S}_i$为注入节点i的共轭功率；$\overset{*}{S}_{Gi}$、$\overset{*}{S}_{LDi}$为节点i电源侧和负荷侧的共轭功率；$\overset{*}{U}_i$为节点i的节点共轭电压。

求解式（3-18）得到n个节点网络的潮流方程为

$$\left.\begin{aligned} \frac{P_i - \mathrm{j}Q_i}{\overset{*}{U}_i} &= \sum_{j=1}^{n} Y_{ij}\dot{U}_j \\ P_i + \mathrm{j}Q_i &= \dot{U}_i \sum_{j=1}^{n} Y_{ij}\overset{*}{U}_j \end{aligned}\right\} \tag{3-19}$$

将式（3–19）分为实部和虚部，对每一个节点可得两个实数方程，但因有 4 个变量（即节点有功功率 P、节点无功功率 Q、节点电压幅值 U、节点电压相位 δ），故必须给定其中两个，留下两个作为待求量，方程组才可求解。

根据实际运行条件，按给定变量的不同，将电力系统中的节点分为 PQ 节点、PV 节点、平衡节点三种类型。

（1）PQ 节点：节点有功功率 P、无功功率 Q 给定，节点电压幅值 U、节点电压相位 δ 待求。这类节点在电力系统中大量存在，一般变电站、发电功率固定的发电厂，以及既不接发电机又没有负荷的联络节点，均可视为这类节点。

（2）PV 节点：节点有功功率 P 和节点电压幅值 U 给定，节点无功功率 Q 和节点电压相位 δ 待求。这类节点在电力系统中数量很少，要求有充足的可调无功电源，一般可选择有一定无功储备的发电厂和具有可调无功电源设备的变电站。

（3）平衡节点：节点电压幅值 U 和相位 δ 给定，有功功率 P、无功功率 Q 待求。平衡节点必不可少，同一系统中有且只有一个，一般选择主调频发电厂为平衡节点。

3.2.2 潮流计算的约束条件

1. 电压限制

所有节点电压必须满足 $U_{i\min} \leqslant U_i \leqslant U_{i\max}$，其中 $U_{i\max}$、$U_{i\min}$ 为节点电压上、下限，由电压偏移要求决定。实际中的运行电压通常在额定电压附近，以满足电能质量的要求。

2. 功率限制

所有电源节点的有功功率和无功功率必须分别满足 $P_{Gi\min} \leqslant P_{Gi} \leqslant P_{Gi\max}$ 和 $Q_{Gi\min} \leqslant Q_{Gi} \leqslant Q_{Gi\max}$，其中 $P_{Gi\max}$、$P_{Gi\min}$ 为节点电源发出有功功率的上、下限，$Q_{Gi\max}$、$Q_{Gi\min}$ 为节点电源发出无功功率的上、下限。

3. 相位差限制

某些节点之间电压的相位差应满足 $|\delta_i-\delta_j|<|\delta_i-\delta_j|_{\max}$，其中 $|\delta_i-\delta_j|_{\max}$ 为节点允许最大相角差。节点间相位差过大，可能会引起系统失稳。

3.2.3 潮流计算的牛顿—拉夫逊法

潮流方程是一组非线性代数方程组，要直接求解非常困难，通常采用迭代法进行数值求解。迭代法就是对待定量所设定的一组初始值逐步进行修正，使其向真值解逼近的数值计算方法。随着计算机的应用，潮流计算在近几十年有了很大的发展，计算速度更快，数值迭代准确度也大幅度提高。

潮流计算常用的迭代法有雅可比迭代、高斯—赛德尔迭代、牛顿—拉夫逊法、PQ 分解法等。雅可比迭代和高斯—赛德尔迭代是众多迭代法中较早被使用的，目前这两种方法已不再广泛应用于潮流计算。20 世纪 60 年代中后期，由于在牛顿—拉夫逊法中引入稀疏技术，计算量大大降低，牛顿—拉夫逊法成为潮流计算的基本算法。在大量实践的基础上，20 世纪 70 年代人们基于 PQ 解耦特性提出了 PQ 分解法，使得计算速度大大加快，还可应用于在线分析。

1. 牛顿—拉夫逊法的基本思路

牛顿—拉夫逊法的基本思路是将非线性方程组的求解过程转换成反复求解与之相对应的线性方程组的过程，即逐次线性化的迭代求解过程。现以一维非线性方程 $Y=f(x)$ 为例说明牛顿—拉夫逊法的基本思路。

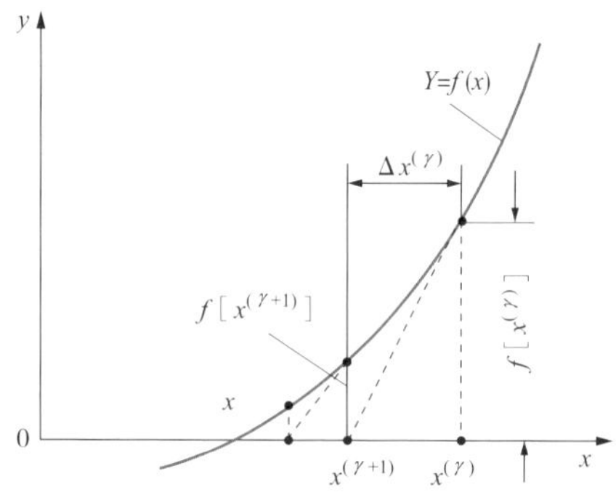

图 3–6 牛顿—拉夫逊法的几何解释

如图 3-6 所示，$\overset{*}{x}$ 是 $f(x)=0$ 的解，即曲线 $Y=f(x)$ 与 x 轴的交点。求解 $\overset{*}{x}$ 的迭代过程中，$x^{(\gamma+1)}$ 为 $f(x)$ 在 $x^{(\gamma)}$ 处的切线与 x 轴的交点。

$f(x)$ 在 $x^{(\gamma)}$ 处的切线的方程式为

$$y=f\left[x^{(\gamma)}\right]-f'\left[x^{(\gamma)}\right]\Delta x^{(\gamma)}=f\left[x^{(\gamma)}\right]-f'\left[x^{(\gamma)}\right]\left[x^{(\gamma)}-x^{(\gamma+1)}\right] \quad (3\text{–}20)$$

式中：$f'(x)$ 为斜率；γ 为迭代次数。

因此，牛顿—拉夫逊法的迭代过程实质上就是不断以切线代替曲线 $Y=f(x)$，以切线与 x 轴的交点不断向 $\overset{*}{x}$ 逼近的过程，所以牛顿—拉夫逊法又称为切线法。

2. 使用牛顿—拉夫逊法注意事项

牛顿—拉夫逊法的初值选取很重要，当初值选取离解值较远时，失去了牛顿—拉夫逊法成立的基础，有可能不会收敛。牛顿—拉夫逊法在迭代过程中，每迭代一次雅可比矩阵都需要重新计算一次，计算量较大，所需存储量大，但迭代收敛速度快，总的迭代次数一般较少。

在 PV 节点和 PQ 节点一起迭代时，应监视 PV 节点的无功功率是否越限，如越限，应将 PV 节点转化为 PQ 节点，同时将误差方程予以修正；同理，对于 PQ 节点，若迭代结果 U 越限，可以将该节点转化为 PV 节点，同时修正无功功率使电压维持在一定范围之内。

3. 牛顿—拉夫逊法的计算形式

牛顿—拉夫逊法进行潮流计算的关键是根据潮流方程找出相应的修正方程。潮流方程可分为直角坐标形式和极坐标形式。

（1）直角坐标形式。在 n 个节点组成的系统中，包含 r 个 PV 节点，n–1–r 个 PQ 节点，1 个平衡节点。对于 n–1–r 个 PQ 节点，给定注入功率 P_{ic}、Q_{ic}，第 i 个节点的有功功率和无功功率误差，即节点功率的不平衡量为

$$\left.\begin{aligned}\Delta P_i=P_{ic}-e_i\sum_{j=1}^{n}(G_{ij}e_j-B_{ij}f_j)-f_i\sum_{j=1}^{n}(G_{ij}f_j+B_{ij}e_j)=0\\ \Delta Q_i=Q_{ic}-f_i\sum_{j=1}^{n}(G_{ij}e_j-B_{ij}f_j)-e_i\sum_{j=1}^{n}(G_{ij}f_j+B_{ij}e_j)=0\end{aligned}\right\} \quad (3\text{–}21)$$

式中：Q_j、B_{ij} 为导纳矩阵元素 Y_{ij} 的实部与虚部；e_i、f_i 为节点电压的实部和虚部。

对于 r 个 PV 节点，给定节点注入有功功率 P_{ic} 和电压幅值 U_{ic}，此时电压幅值误差方程为

$$\Delta U_i^{\ 2} = U_{ic}^{\ 2} - (e_i^{\ 2} + f_i^{\ 2}) = 0 \tag{3-22}$$

对于平衡节点，因为节点电压幅值和相角给定，不需要进行迭代计算。

将上述 2（n–1）个方程按照泰勒级数展开，并略去高次方项后，得到修正方程形式为

$$\begin{bmatrix} \Delta P_1 \\ \Delta Q_1 \\ \Delta P_2 \\ \Delta Q_2 \\ \vdots \\ \Delta P_{n-1-r} \\ \Delta Q_{n-1-r} \\ \Delta U_1^2 \\ \vdots \\ \Delta U_r^2 \end{bmatrix} = -\boldsymbol{J} \begin{bmatrix} \Delta e_1 \\ \Delta f_1 \\ \Delta e_2 \\ \Delta f_2 \\ \vdots \\ \Delta U_{n-1}^2 \end{bmatrix} \tag{3-23}$$

式中：$\boldsymbol{J}$ 为雅可比矩阵。

（2）极坐标形式。对于 n–1–r 个 PQ 节点，给定注入功率 P_{ic}、Q_{ic}，第 i 个节点的有功功率和无功功率误差，即功率不平衡量为

$$\left.\begin{aligned} \Delta P_i &= P_{ic} - U_i \sum_{j=1}^{n} U_j (G_{ij}\cos\delta_{ij} + B_{ij}\sin\delta_{ij}) = 0 \\ \Delta Q_i &= Q_{ic} - U_i \sum_{j=1}^{n} U_j (G_{ij}\sin\delta_{ij} - B_{ij}\cos\delta_{ij}) = 0 \end{aligned}\right\} \tag{3-24}$$

对于 r 个 PV 节点，给定节点注入有功功率 P_{ic} 和电压幅值 U_{ic}，此时

式（3–24）中有功功率误差方程为

$$\Delta P_i = P_{ic} - U_i \sum_{j=1}^{n} U_j (G_{ij}\cos\delta_{ij} + B_{ij}\sin\delta_{ij}) = 0 \tag{3–25}$$

对于平衡节点，不需要进行迭代计算。

将上述 2（n–1）个方程按照泰勒级数展开，并略去高次方项后，得到修正方程形式为

$$\begin{bmatrix} \Delta P \\ \vdots \\ \Delta Q \end{bmatrix} = \begin{bmatrix} \boldsymbol{H} & \cdots & \boldsymbol{N} \\ \vdots & \vdots & \vdots \\ \boldsymbol{K} & \cdots & \boldsymbol{L} \end{bmatrix} \begin{bmatrix} \Delta\delta \\ \vdots \\ \Delta U / U \end{bmatrix} \tag{3–26}$$

式中：$\boldsymbol{H}$ 为 n–1 阶方阵；$\boldsymbol{L}$ 为 m 阶方阵；$\boldsymbol{N}$ 为（n–1）$\times m$ 阶矩阵；$\boldsymbol{K}$ 为 $m\times$（n–1）阶矩阵。

4. 牛顿—拉夫逊法的潮流计算流程

目前，由于电力系统越来越复杂，潮流计算一般采用软件进行。以直角坐标形式为例，牛顿—拉夫逊法的潮流计算步骤如下：

（1）设置电压初值 $e^{(0)}$、$f^{(0)}$，容许误差 ε。

（2）求误差 $\Delta P^{(0)}$、$\Delta Q^{(0)}$、$\Delta U^{2(0)}$。

（3）设置迭代次数 γ=0。

（4）求 $\boldsymbol{J}^{(\gamma)}$。

（5）解修正方程，求出修正量 $e^{(\gamma+1)}=e^{(\gamma)}+\Delta e^{(\gamma)}$、$f^{(\gamma+1)}=f^{(\gamma)}+\Delta f^{(\gamma)}$。

（6）求 $\Delta P^{(\gamma+1)}$、$\Delta Q^{(\gamma+1)}$、$\Delta U^{2(\gamma+1)}$。

（7）检验收敛性，$|\Delta P^{(\gamma+1)}, \Delta Q^{(\gamma+1)}| < \varepsilon$。如不收敛，则返回求 $\boldsymbol{J}^{(\gamma)}$；如收敛，则求平衡节点功率、PV 节点 Q、支路功率和损耗。

牛顿—拉夫逊法的潮流计算流程框图如图 3–7 所示。

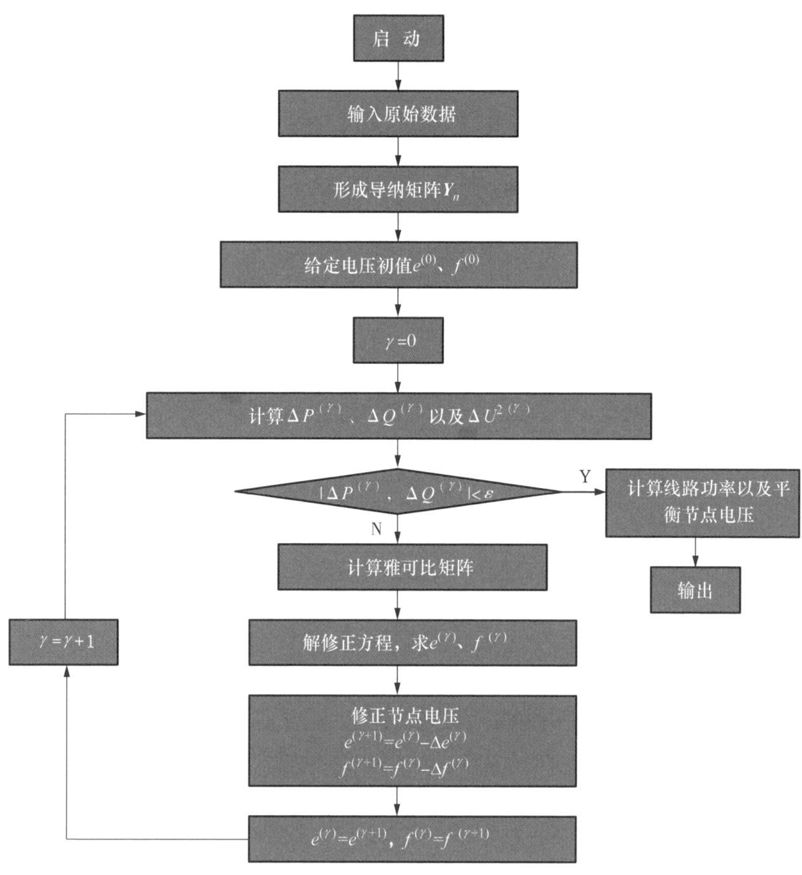

图 3–7 牛顿—拉夫逊法潮流计算流程框图（直角坐标）

3.2.4 潮流计算的 PQ 分解法

牛顿—拉夫逊法虽然在收敛速度上优于其他迭代方法，但由于每次迭代都需要重新计算雅可比矩阵，计算量和存储量很大，而且对初值选取有一定要求。为了扬长避短，进一步提高潮流计算速度，引出 PQ 分解法。

1. PQ 分解法的基本思路

在牛顿—拉夫逊法极坐标的基础上，结合电力系统的特点，PQ 分解法在以下几方面加以简化改进：

（1）在电力系统高压网络中，由于电抗远大于电阻，所以节点电压相角

的改变主要影响各元件输送的有功功率，节点电压幅值的改变主要影响无功功率，可将式（3–26）的修正方程进一步改写为

$$\left.\begin{aligned}\Delta \boldsymbol{P} &= -\boldsymbol{H}\Delta\delta \\ \Delta \boldsymbol{Q} &= -\boldsymbol{L}\Delta U / U\end{aligned}\right\} \tag{3–27}$$

从而使得 PQ 修正方程得以分解。

（2）对于一般输电线路，两端电压相角差较小，且 $G_{ij} << B_{ij}$，因此可近似认为，$\cos\delta_{ij} \approx 1$，$G_{ij}\sin\delta_{ij} << B_{ij}$，从而将雅可比矩阵 $\boldsymbol{J}$ 加以简化。

（3）根据以上关系，矩阵 $\boldsymbol{H}$ 和 $\boldsymbol{L}$ 的元素可简化为 $H_{ij}=U_iU_jB_{ij}$（i，j=1，2…，n–1），$L_{ij}=U_iU_jB_{ij}$（i，j=1，2，…，m）。此时，$\boldsymbol{H}=U_1\boldsymbol{B}'U_1$，$L=U_2\boldsymbol{B}''U_2$，代入式（3–27）得到

$$\left.\begin{aligned}\Delta \boldsymbol{P} &= -U_1\boldsymbol{B}'U_1\Delta\delta \\ \Delta \boldsymbol{Q} &= -U_2\boldsymbol{B}''\Delta U\end{aligned}\right\}$$

$$\boldsymbol{B}' = \begin{bmatrix} B_{11} & B_{12} & \cdots & B_{1,n-1} \\ B_{21} & B_{22} & \cdots & B_{2,n-1} \\ \vdots & \vdots & & \vdots \\ B_{n-1,1} & B_{n-1,2} & \cdots & B_{n-1,n-1} \end{bmatrix},\quad \boldsymbol{B}'' = \begin{bmatrix} B_{11} & B_{12} & \cdots & B_{1,n-1-r} \\ B_{21} & B_{22} & \cdots & B_{2,n-1-r} \\ \vdots & \vdots & & \vdots \\ B_{n-1-\mathrm{r},1} & B_{n-1,2} & \cdots & B_{n-1-r,n-1-r} \end{bmatrix}$$

式中：$\boldsymbol{B}'$ 和 $\boldsymbol{B}''$ 都是节点导纳矩阵的虚部，只是阶次不同，矩阵 $\boldsymbol{B}'$ 为 n–1 阶，不含平衡节点对应的行和列，矩阵 $\boldsymbol{B}''$ 为 n–1–r 阶，不含平衡节点和 PV 节点对应的行和列。

（4）由于电力系统中元件电抗远大于电阻，因此 $U_i^2B_{ii}$ 可看作节点 i 在电压 U_i 作用下，其他节点均接地时注入节点 i 的无功功率。又由于正常运行时，各个节点电压相差不大，且其他节点未接地，故有 $Q_i << U_i^2B_{ii}$，可进一步简化 $\boldsymbol{J}$ 矩阵。

通过比较，与牛顿—拉夫逊法相比，PQ 分解法的主要特征是：

（1）以两组线性方程代替一组线性方程；

（2）系数矩阵 $\boldsymbol{B}'$、$\boldsymbol{B}''$ 在迭代过程中保持不变；

（3）系数矩阵 $\boldsymbol{B}'$、$\boldsymbol{B}''$ 由节点导纳矩阵虚部构成，是对称的。

一般而言，PQ 分解法简化条件是电抗远大于电阻，因此仅适用于 110kV 及以上电压等级的电力网络。PQ 分解法只是简化和近似处理了修正方程，因此 PQ 分解法只影响迭代过程，并不影响迭代精度。PQ 分解法迭代次数一般多于牛顿—拉夫逊法，但每次迭代计算时不需要重新生成 $\boldsymbol{J}$ 矩阵，因此单次迭代计算时间少，总的计算时间少于牛顿—拉夫逊法。

值得注意的是，PQ 分解法适用于网络元件电抗值远大于电阻值、两端电压相角差较小的高电压网络。一般而言，PQ 分解法可用于 110kV 及以上电压等级的输电网络中，在 35kV 及以下配电网络中可能不收敛。

2. PQ 分解法的计算流程

与牛顿—拉夫逊法类似，PQ 分解法的潮流计算步骤：

（1）给定初值 $\delta^{(0)}$、$U^{(0)}$；

（2）计算各个 PQ、PV 节点的有功误差 $\Delta P^{(0)}$ 以及相应的 $[\Delta P/U]^{(0)}$；

（3）解修正方法，求出 $\Delta\delta^{(0)}$；

（4）修正相角；

（5）计算各个 PQ 节点的无功误差 $\Delta Q^{(0)}$ 以及相应的 $[\Delta Q/U]^{(0)}$；

（6）解修正方法，求出 $\Delta U^{(0)}$；

（7）修正电压值；

（8）返回计算 ΔP、ΔQ，迭代计算，直至满足收敛条件 $|\Delta P^{(\gamma)}, \Delta Q^{(\gamma)}| < \varepsilon$。

PQ 分解法潮流计算流程框图如图 3–8 所示。图中，k 为迭代次数，K_{p} 和 K_{q} 分别为 P、Q 迭代收敛状态的标志，收敛时赋 0，不收敛时赋 1。

【例 3–1】某 4 节点电力系统如图 3–9 所示，网络中各元件的参数为：z_{12}=0.10+j0.40，y_{120}=y_{210}=j0.01528，z_{13}=j0.3，变比 K=1.1，z_{14}=0.12+j0.50，y_{140}=y_{410}=j0.01920，z_{24}=0.08+j0.40，y_{240}=y_{420}=j0.01413。节点 1、2 为 PQ 节点，节点 3 为 PV 节点，节点 4 为平衡节点。已知：P_{1c}+jQ_{1c}=–0.3–j0.18，P_{2c}+jQ_{2c}=–0.55–j0.13，P_{3c}=0.5，U_{3c}=1.10，U_{4c}=1.05+j0，精度要求为 $\varepsilon=10^{-4}$。试分别利用牛顿—拉夫逊法和 PQ 分解法计算系统潮流分布。（给出的参数值及计算过程均采用标幺制）

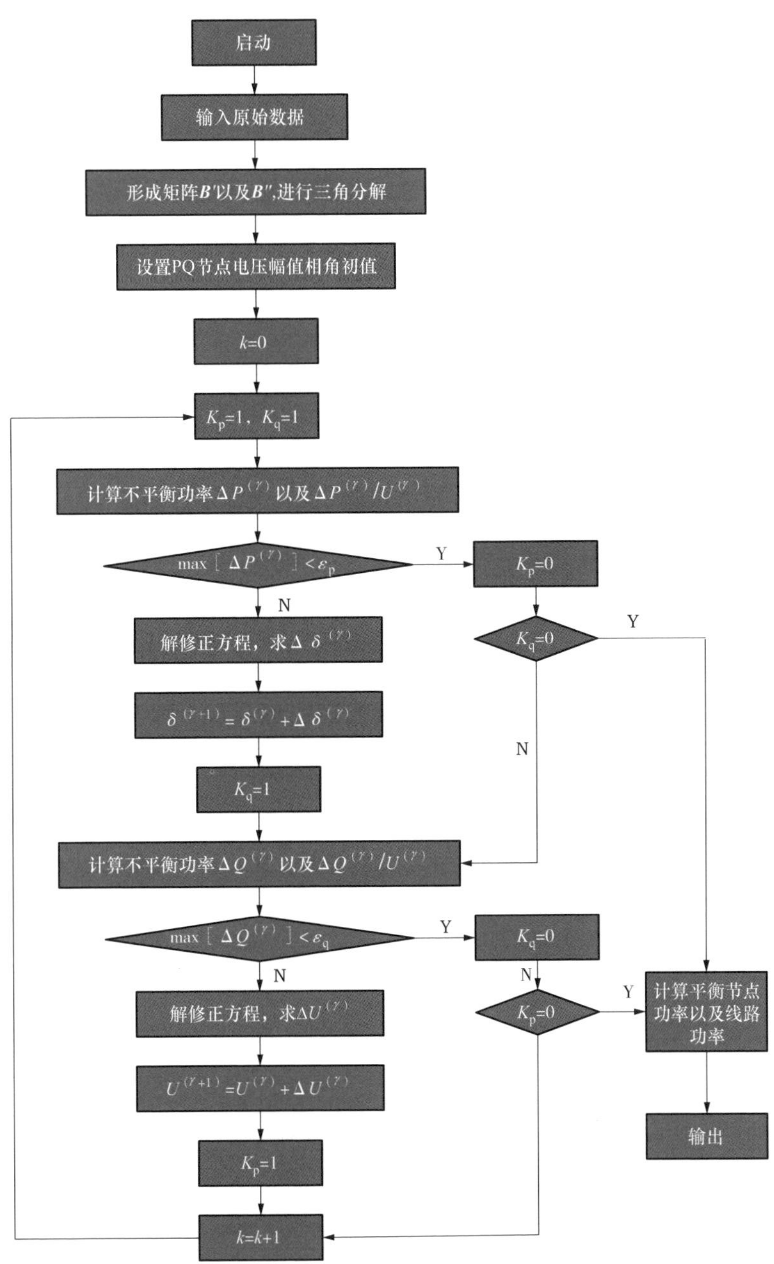

图 3-8 PQ 分解法潮流计算流程

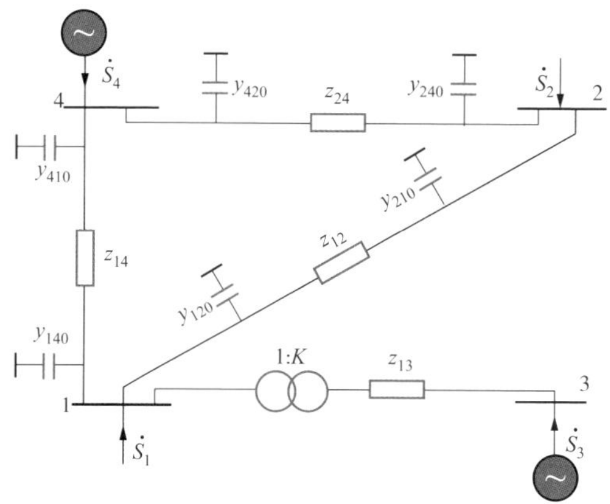

图 3-9 【例 3-1】图

解：（1）牛顿—拉夫逊法计算。

1）根据已知参数得到节点导纳矩阵

$$\boldsymbol{Y}=\begin{bmatrix}1.04-\mathrm{j}8.24 & -0.59+\mathrm{j}2.35 & \mathrm{j}3.67 & -0.45+\mathrm{j}1.89\\ -0.59+\mathrm{j}2.35 & 1.07-\mathrm{j}4.73 & 0 & -0.48+\mathrm{j}2.40\\ \mathrm{j}3.67 & 0 & -\mathrm{j}3.33 & 0\\ -0.45+\mathrm{j}1.89 & -0.48+\mathrm{j}2.40 & 0 & 0.93-\mathrm{j}4.26\end{bmatrix}$$

2）给定节点电压初值

$$\begin{bmatrix}e_1^{(0)}\\ f_1^{(0)}\\ e_2^{(0)}\\ f_2^{(0)}\\ e_3^{(0)}\\ f_3^{(0)}\end{bmatrix}=\begin{bmatrix}1.0\\ 0\\ 1.0\\ 0\\ 1.0\\ 0\end{bmatrix}$$

3）计算 ΔP_i、ΔQ_i、ΔU_i^2。

4）计算雅可比矩阵 $\boldsymbol{J}^{(0)}$。

5）求解方程得到 $\Delta e_1^{(0)}$、$\Delta f_1^{(0)}$、$\Delta e_2^{(0)}$、$\Delta f_2^{(0)}$、$\Delta e_3^{(0)}$、$\Delta f_3^{(0)}$。

6）修正得到各节点电压 $e_1^{(1)}$、$f_1^{(1)}$、$e_2^{(1)}$、$f_2^{(1)}$、$e_3^{(1)}$、$f_3^{(1)}$，完成第一步迭代；然后返回计算 ΔP_i、ΔQ_i、ΔU_i^2，检验是否收敛，若收敛则计算节点功率和线路潮流分布，否则继续迭代直至收敛。经过 3 次迭代已满足收敛条件，此时求得节点电压为

$$\dot{U}_1 = 0.9847\angle -0.5^\circ,\ \dot{U}_2 = 0.9648\angle -6.5^\circ,\ \dot{U}_3 = 1.1000\angle 6.7^\circ$$

平衡节点功率为

$$P_4 + \mathrm{j}Q_4 = 0.3679 + \mathrm{j}0.2647$$

各线路功率为

L12：0.0246+j0.0147；L21：–0.2400+j0.0106

L13：–0.5000–j0.0293；L31：0.5000+j0.0934

L14：–0.0462–j0.1361；L41：0.0482+j0.1045

L24：–0.3100–j0.1406；L42：0.3197+j0.1602

（2）PQ 分解法计算。

1）节点导纳矩阵同方法（1）。

2）给定初值为

$$\begin{bmatrix} \delta_1^{(0)} \\ \delta_2^{(0)} \\ \delta_3^{(0)} \\ U_1^{(0)} \\ U_2^{(0)} \end{bmatrix} = \begin{bmatrix} 0 \\ 0 \\ 0 \\ 1.0 \\ 1.0 \end{bmatrix}$$

3）有功功率不平衡量差 ΔP 及相应的 $\Delta P/U$ 为

$$\begin{bmatrix} \Delta P_1^{(0)} \\ \Delta P_2^{(0)} \\ \Delta P_3^{(0)} \end{bmatrix} = \begin{bmatrix} -0.2773 \\ -0.5260 \\ 0.5000 \end{bmatrix},\ \begin{bmatrix} \Delta P_1^{(0)}/U_1^{(0)} \\ \Delta P_2^{(0)}/U_2^{(0)} \\ \Delta P_3^{(0)}/U_2^{(0)} \end{bmatrix} = \begin{bmatrix} -0.2773 \\ -0.5260 \\ 0.4545 \end{bmatrix}$$

解有功修正方程得

$$\begin{bmatrix} \Delta\delta_1^{(0)} \\ \Delta\delta_2^{(0)} \\ \Delta\delta_3^{(0)} \end{bmatrix} = \begin{bmatrix} 0.7369^\circ \\ 6.7425^\circ \\ -7.0024^\circ \end{bmatrix}$$

修正 δ 得

$$\begin{bmatrix} \Delta\delta_1^{(1)} \\ \Delta\delta_2^{(1)} \\ \Delta\delta_3^{(1)} \end{bmatrix} = \begin{bmatrix} 0.7369^\circ \\ 6.7425^\circ \\ -7.0024^\circ \end{bmatrix}$$

4）无功功率不平衡量 ΔQ 及相应的 $\Delta Q/U$ 为

$$\begin{bmatrix} \Delta Q_1^{(0)} \\ \Delta Q_2^{(0)} \end{bmatrix} = \begin{bmatrix} -0.0454 \\ -0.3137 \end{bmatrix},\quad \begin{bmatrix} \Delta Q_1^{(0)}/U_1^{(0)} \\ \Delta Q_2^{(0)}/U_2^{(0)} \end{bmatrix} = \begin{bmatrix} -0.0454 \\ -0.3137 \end{bmatrix}$$

解无功修正方程得

$$\begin{bmatrix} U_1^{(0)} \\ U_2^{(0)} \end{bmatrix} = \begin{bmatrix} 0.0157 \\ 0.0357 \end{bmatrix}$$

修正 U 得

$$\begin{bmatrix} U_1^{(1)} \\ U_2^{(1)} \end{bmatrix} = \begin{bmatrix} 0.9843 \\ 0.9643 \end{bmatrix}$$

验证收敛条件，否则返回继续迭代。经过 5 次迭代，满足准确度要求。

3.2.5 潮流计算软件应用

以中国电力科学研究院研发的 PSD-BPA 潮流软件（以下简称 BPA）为例进行介绍。该软件基于 Windows 操作系统，除带有常规电力系统发电机、线路、变压器、负荷及高压直流输电等基础模型外，还具有新能源发电涉及的双馈风力发电机、直驱风力发电机、光伏发电等模型，可以实现电力系统潮流分析与暂态稳定分析计算、无功功率优化、小干扰稳定性分析、电压稳定性分析等功能，已在电力系统规划设计、调度运行及教学科研部门得到广泛应用。

BPA 通过输入控制语句、网络数据以及老库文件进行潮流计算，输出计算结果。计算结果包括结果输出打印所要的文件、新库文件以及画潮流图所需要的结果文件。利用程序控制语句可以指定作业工程名称、潮流计算方法以及输入、输出文件设置等。网络数据主要包括节点数据、支路数据。

1.BPA 的计算方法

BPA 采用的潮流计算方法有 PQ 分解法、牛顿—拉夫逊法和改进的牛顿—拉夫逊算法三种，用户自行决定所采用的算法和迭代的最大步数。

为了提高收敛性，通常先采用 PQ 分解法进行初始迭代，然后再利用牛顿—拉夫逊法计算潮流分布。计算时也可先用该改进的牛顿—拉夫逊法替代 PQ 分解法进行若干次迭代计算，然后再转入牛顿—拉夫逊法迭代过程。

改进的牛顿—拉夫逊法的主要优势为：

（1）有助于克服网络 *R*/*X* 比值大引起的收敛性差的困难，适用于计算低压配电网、具有串补的网络和经网络化简以后的等值网络系统的潮流。

（2）可用来处理伪 Vθ 节点，所谓伪 Vθ 节点是 BPA 程序中新设置的三种节点类型，分别是 BJ、BK 和 BL，其职能见表 3–1。

表 3–1　　三种节点在潮流计算中的职能

节点类型	初始类型	最终类型
BJ	BS（平衡节点）	B（PQ）
BK	BS（平衡节点）	BE（PV）
BL	BS（平衡节点）	BQ（PV，$Q_{min} < Q < Q_{max}$）

由表 3–1 可知，BJ、BK、BL 节点在初始时，都作为 BS 节点输入，在计算时先作为系统的平衡节点，最后在进入牛顿—拉夫逊法以后再分别转换为 PQ、PV（对无功没有约束）节点和 PV（对无功有约束）节点类型，从而可提高计算的灵活性和收敛性能。

2. 潮流计算的输入、输出文件和结构

BPA 潮流计算的输入、输出模式如图 3–10 所示。输入部分包括程序控制语句、网络数据和老库文件，输出部分包括新库文件、输出文件和绘图文件。

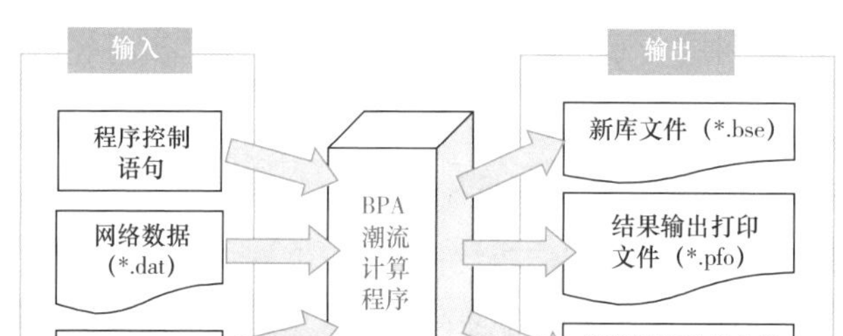

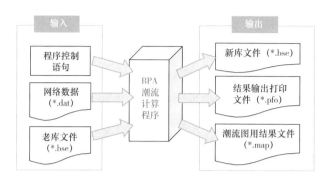

图 3-10　BPA 潮流计算的输入、输出模式

潮流数据文件的一般形式如图 3-11 所示。潮流数据文件主要由网络数据和控制语句组成，通常结构为：

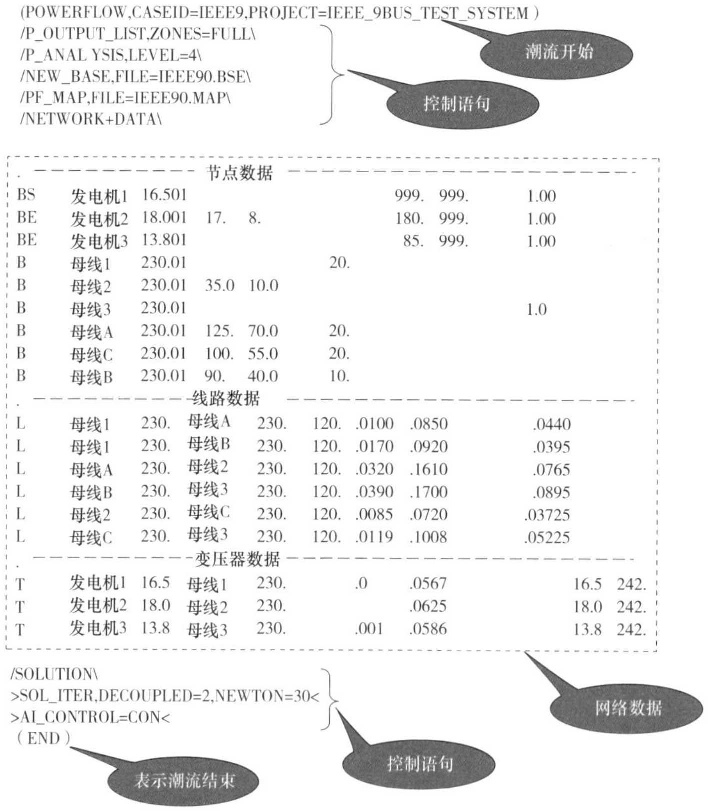

```
(POWERFLOW,CASEID=IEEE9,PROJECT=IEEE_9BUS_TEST_SYSTEM )
/P_OUTPUT_LIST,ZONES=FULL\
/P_ANAL YSIS,LEVEL=4\
/NEW_BASE,FILE=IEEE90.BSE\
/PF_MAP,FILE=IEEE90.MAP\
/NETWORK+DATA\
. ----------- 节点数据 -------------------------
BS   发电机1  16.501                     999.  999.      1.00
BE   发电机2  18.001  17.    8.          180.  999.      1.00
BE   发电机3  13.801                      85.  999.      1.00
B    母线1    230.01               20.
B    母线2    230.01  35.0   10.0
B    母线3    230.01                                     1.0
B    母线A    230.01  125.   70.0  20.
B    母线C    230.01  100.   55.0  20.
B    母线B    230.01  90.    40.0  10.
. -----------线路数据 -------------------------
L    母线1   230.  母线A  230.  120.  .0100  .0850      .0440
L    母线1   230.  母线B  230.  120.  .0170  .0920      .0395
L    母线A   230.  母线2  230.  120.  .0320  .1610      .0765
L    母线B   230.  母线3  230.  120.  .0390  .1700      .0895
L    母线2   230.  母线C  230.  120.  .0085  .0720      .03725
L    母线C   230.  母线3  230.  120.  .0119  .1008      .05225
. -----------变压器数据 ------------------------
T    发电机1  16.5  母线1  230.        .0    .0567          16.5  242.
T    发电机2  18.0  母线2  230.              .0625          18.0  242.
T    发电机3  13.8  母线3  230.        .001  .0586          13.8  242.
/SOLUTION\
>SOL_ITER,DECOUPLED=2,NEWTON=30<
>AI_CONTROL=CON<
（END）
```


图 3-11　潮流数据文件的一般形式

（1）标志潮流计算开始的一级控制语句“(POWERFLOW，CASEID= 方式名，PROJECT= 工程名)”；

（2）控制语句，例如指定输出范围、二进制结果 BSE 文件名、MAP 文件名、迭代次数等；

（3）网络数据，包括节点、线路、变压器等网络参数；

（4）控制语句，部分控制语句必须放在后面；

（5）标志潮流计算结束的一级控制语句“(END)”。

【例 3-2】某区域电网由 9 个节点组成，其网架结构如图 3-12 所示，试运用 BPA 软件计算该电网中各支路有功功率和节点电压分布。

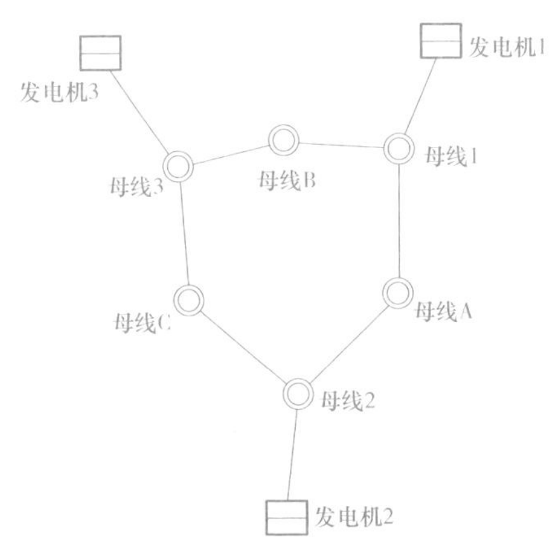

图 3-12　某区域电网网架结构图

解：BPA 输入界面如图 3-13 所示。该潮流方式名 IEEE9，工程名为 IEEE_9BUS_TEST_SYSTEM。工程输出结果的文件名为 IEEE90.BSE，输出潮流图文件名为 IEEE90.MAP。

节点参数输入中，根据表 3-1 所列节点分类，发电机 1 为平衡（BS）节点，平衡节点已知电压幅值和相角，不参与迭代。设置其基准电压为 16.5kV，电压标幺值为 1.01，有功、无功功率力上限分别设置为 999MW 和 999Mvar，如图 3-14 所示。

母线 1~3 和母线 A~C 为 PQ（B）节点，PQ 节点已知有功无功功率，求

```
(POWERFLOW,CASEID=IEEE9,PROJECT=IEEE_9BUS_TEST_SYSTEM)
/SOL_ITER,DECOUPLED=2,NEWTON=15,OPITM=0\
/P_INPUT_LIST,ZONES=ALL\
/P_OUTPUT_LIST,ZONES=ALL\
/RPT_SORT=ZONE\
/P_ANALYSIS_RPT,LEVEL=4\
/NEW_BASE,FILE=IEEE90.BSE\
/PF_MAP,FILE =IEEE90.MAP\
/NETWORK_DATA\
BS     发电机1 16.501                      999.  999.  1.01
B      母线1   230.01
B      母线A   230.01125.  70.      20.
B      母线B   230.0190.   40.      10.
B      母线C   230.01100.  55.      20.
B      母线2   230.0135.   10.
BE     发电机2 18.  01                163.  999.        1.01
B      母线3   230.01
BE     发电机3 13.801                 85.   999.        1.01

.---------------------transmission lines-----------------------------------------
L      母线1   230.  母线A   230.        .0100 .0850       .044
L      母线1   230.  母线B   230.        .0170 .0920       .0395
L      母线A   230.  母线2   230.        .0320 .1610       .0765
L      母线B   230.  母线3   230.        .0390 .1700       .0895
L      母线2   230.  母线C   230.        .0085 .0720       .03725
L      母线C   230.  母线3   230.        .0119 .1008       .05225

.T--------------------transformers-----------------------------------------------
T      发电机1 16.5  母线1   230.             .0567              16.5  242.
T      发电机2 18.0  母线2   230.             .0625              18.0  242.
T      发电机3 13.8  母线3   230.             .0586              13.8  242.

(END)
```

图 3-13　BPA 软件输入界面

Property	Value
A CARD TYPE (1, 2, A2)	BS
A 修改码 (3, 3, A1)	
A 所有者 (4, 6, A3)	
A Bus Name (7, 14, A8)	发电机1
F Bus Base(kV) (15, 18, F4.0)	16.5
A Zone，分区名 (19, 20, A2)	01
F 恒定有功负荷(MW) (21, 25, F5.0)	
F 恒定无功负荷(MVAR)，+表示感性 (26, 30, ...	
F 并联导纳有功负荷(MW) (31, 34, F4.0)	
F 并联导纳无功负荷(MVAR)，+表容性 (35, 38...	
F 最大有功出力Pmax(MW) (39, 42, F4.0)	
F 实际有功出力PGen(MW) (43, 47, F5.0)	
F 无功出力最大值(MVAR)，+表容性 (48, 52, ...	999.
F 无功出力最小值(MVAR)，+表容性 (53, 57, ...	999.
F 安排的电压值 (58, 61, F4.3)	1.01
F 角度值 (62, 65, F4.3)	

确定　取消

图 3-14　BPA 软件平衡节点设置

节点电压幅值与相角。以母线 A 为例，设置其有功和无功功率分别为 125MW 和 70.0Mvar，并联电抗器 20Mvar。

发电机 2、发电机 3 为 PV（BE）节点，PV 节点已知有功功率和节点电压幅值，求节点电压相角，进而求出节点无功功率。以发电机 2 为例，设置基准电压为 18.0kV，电压标幺值为 1.01，有功功率为 163MW，无功功率上限为 999Mvar。

支路主要参数包括电阻、电抗、电导和电纳，其中电导可忽略不计。以母线 1 和母线 A 之间线路为例，设置其基准电压均为 230kV，线路电阻、电抗以及 1/2 电导的标幺值分别为 0.0100、0.850 和 0.0440，如图 3-15 所示。

线路(对称)数据卡

Property	Value
A CARD TYPE (1, 1, A1)	L
A 修改码 (3, 3, A1)	
A 所有者 (4, 6, A3)	
A Bus Name1 (7, 14, A8)	母线1
F Bus Base1(kV) (15, 18, F4.0)	230.
I 区域联络线测点标志 (19, 19, I1)	
A Bus Name2 (20, 27, A8)	母线A
F Bus Base2(kV) (28, 31, F4.0)	230.
A 并联线路的回路标志 (32, 32, A1)	
I 分段串连而成的线路的段号 (33, 33, I1)	
F 线路额定电流(安培) (34, 37, F4.0)	
I 并联线路数目 (38, 38, I1)	
F 电阻标么值 (39, 44, F6.5)	.0100
F 电抗标么值 (45, 50, F6.5)	.0850
F 线路对地电导标么值(G/2) (51, 56, F6.5)	
F 线路对地电纳标么值(B/2) (57, 62, F6.5)	.044
F 线路或段的长度 (63, 66, F4.1)	

图 3-15　BPA 软件线路支路设置

变压器主要参数包括电阻、电抗、电导和电纳。以发电机 1 和母线 1 之间线路为例，设置其基准电压分别为 16.5kV 和 230kV，额定电压分别为 16.5kV 和 242kV，电抗标幺值为 0.567，如图 3-16 所示。

利用 BPA 软件计算，节点电压和支路功率的输出结果和潮流分布分别如图 3-17 和图 3-18 所示。

变压器数据卡

Property	Value
A CARD TYPE (1, 1, A1)	T
A 修改码 (3, 3, A1)	
A 所有者 (4, 6, A3)	
A Bus Name1 (7, 14, A8)	发电机1
F Bus Base1(kV) (15, 18, F4.0)	16.5
I 区域联络线测点标志 (19, 19, I1)	
A Bus Name2 (20, 27, A8)	母线1
F Bus Base2(kV) (28, 31, F4.0)	230.
A 并联线路的回路标志 (32, 32, A1)	
I 分段串连而成的线路的段号 (33, 33, I1)	
F 变压器额定容量(MVA) (34, 37, F4.0)	
I 并联变压器数目 (38, 38, I1)	
F 由铜损引起的等效电阻(标么值) (39, 44, F...	
F 漏抗(标么值) (45, 50, F6.5)	.0567
F 由铁损引起的等效电导(标么值) (51, 56, F...	
F 激磁导纳(标么值) (57, 62, F6.5)	
F 节点1的固定分接头 (63, 67, F5.2)	16.5

图 3-16　BPA 软件变压器支路设置

* 节点相关数据列表

节点		电压 kV	发电 MW	发电 MVAR	功率因数	负荷 MW	负荷 MVAR	无功补偿 使用的	无功补偿 存在的	无功补偿 未安排	类型	拥有者	分区	电压/角度 PU/度
发电机1	16.5	16.7	105.4	999.0	0.10	0.0	0.0	0.0	0.0	0.0	S		01	1.010/ 0.0
发电机2	18.0	18.2	163.0	38.6	0.97	0.0	0.0	0.0	0.0	0.0	E		01	1.010/ 5.1
发电机3	13.8	13.9	85.0	17.2	0.98	0.0	0.0	0.0	0.0	0.0	E		01	1.010/ 1.5
母线1	230.0	238.9	0.0	0.0		0.0	0.0	0.0	0.0	0.0			01	1.039/ -3.4
母线2	230.0	239.9	0.0	0.0		35.0	10.0	0.0	0.0	0.0			01	1.043/ -0.7
母线3	230.0	242.3	0.0	0.0		0.0	0.0	0.0	0.0	0.0			01	1.053/ -1.3
母线A	230.0	231.4	0.0	0.0		125.0	70.0	20.2	20.2	0.0			01	1.006/ -6.2
母线B	230.0	235.1	0.0	0.0		90.0	40.0	10.4	10.4	0.0			01	1.022/ -5.5
母线C	230.0	237.3	0.0	0.0		100.0	55.0	21.3	21.3	0.0			01	1.032/ -3.1
整个系统			353.4	1054.9		350.0	175.0	52.0	52.0	0.0				
电容器总和								52.0	52.0	0.0				
电抗器总和								0.0	0.0	0.0				

图 3-17　BPA 软件节点电压和支路功率输出

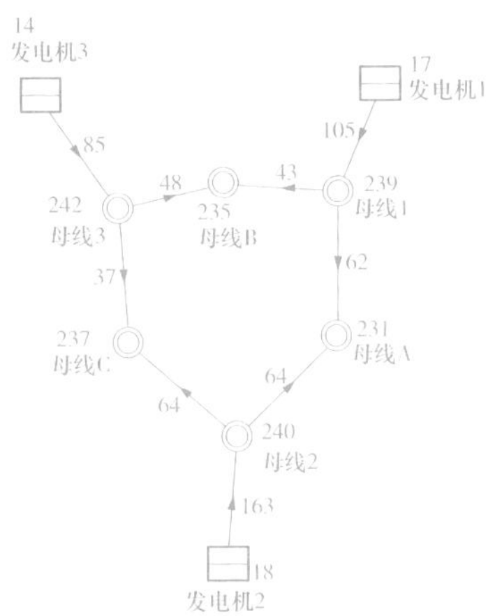

图 3-18　BPA 软件电网潮分布

小结

潮流计算是根据给定的电网结构、参数和发电机、负荷等元件的运行条件，确定电力系统各部分稳态运行状态参数的计算。通过计算潮流分布，分析评价电力系统运行的安全、经济和优质特性，服务于电力系统的运行和规划。本章阐述了电力网络元件的电压降落、电压损耗和功率损耗等电力传输的基本概念，以及潮流计算的基本概念，重点介绍了复杂电力系统的潮流计算方法，并对相关软件作了简要说明。

电力传输中，电力网络元件的电压降落指的是元件首、末端两点电压的相量差；电压损耗指的是网络元件的首、末两端电压的数量差；电压偏移指的是节点电压与额定电压的数量差，功率损耗指的是元件电阻和电抗上产生的功率损耗；输电效率指线路末端有功功率与线路首端有功功率的比值。

电力系统的潮流分布指电力系统中电压和功率的稳态分布，主要用于编制电力系统运行方式，指导发电厂开机方式，调整负荷方案，以及电网规划等方面。潮流分析与电路分析本质相同，但适用于更为复杂的电力系统，一般采用迭代的方法，借助于计算机完成。功率方程是一组非线性代数方程，是通过对设定的初始值逐步进行修正，向真值解逼近的数值计算方法。潮流分析按照计算方法发展顺序，依次有雅可比迭代、高斯—赛德尔迭代及牛顿—拉夫逊迭代法，计算收敛速度依次提高。

牛顿—拉夫逊法的基本思路是将非线性方程组的求解过程转换成反复求解与之相应的线性方程组的过程，即逐次线性化的迭代求解过程。牛顿—拉夫逊法的初值选取很重要，当初值选取离解值较远时，失去了牛顿—拉夫逊法成立的基础，有可能不会收敛，在迭代过程中，每迭代一次都需要重新计算，计算量较大，所需存储量大，但迭代收敛速度快，总的迭代次数一般较少，其功率方程可分为直角坐标形式和极坐标形式。

PQ 分解法是在牛顿—拉夫逊法极坐标的基础上，结合电力系统的特点加以改进得到的，PQ 分解法可以节省存储空间和计算运算量，提高计算速度。由于 PQ 分解法只是简化和近似处理了修正方程，因此 PQ 分解法不影响迭代结果，PQ 分解法迭代次数一般多于牛顿—拉夫逊法，具体迭代次数与电网结构有关，但总的计算时间少于牛顿—拉夫逊法。

在实际工作中，常用 PSD-BPA 软件进行潮流计算，适用于求解低压配电网、具有串补的网络和经网络化简以后的等值网络系统，有助于克服由于网络 R/X 比值大而收敛性差的困难。

通过本章学习，希望学员能够掌握电力传输和潮流计算的基本概念，理解牛顿—拉夫逊法和 PQ 分解法的基本原理和各自特点，对 PSD-BPA 软件有初步认识，为今后工作学习打下基础。

习题与思考题

3-1 简述输电线路的电压降落、电压损耗和电压偏移的概念。

3-2 简述输电线路的 PQ 解耦特性。

3-3 某 110kV 架空输电线路长 10km，采用 LGJ-300 型导线，三相水平排列，相间距离为 8m，分裂间距为 400mm，导线直径为 24.2mm。已知线路末端运行电压 10.5kV，负荷为 4.2MW，$\cos\varphi=0.9$。试计算：（1）输电线路的电压降落和电压损耗；（2）线路阻抗的功率损耗和输电效率；（3）线路首端和末端的电压偏移。

3-4 电力系统潮流计算中节点是如何分类的?

3-5 电力系统功率方程中变量个数与节点数有何关系?

3-6 PQ 分解法是如何简化而来的? 有什么特点?

第4章 CHAPTER FOUR

04

电力系统无功功率平衡和电压调整

电力系统运行的基本要求是安全可靠、优质和经济，因此必须确保电力系统的电能质量。电压是衡量电能质量的重要指标之一。质量合格的电压应该在供电电压偏移，电网谐波，电压波动和闪变，以及三相不对称程度四个方面都能满足有关国家标准规定。本章首先介绍电力系统各元件的无功功率与电压的关系，然后介绍无功和电压控制的策略，最后介绍各种调压方法及其实际应用，这些内容主要涉及电压质量指标中的电压偏移问题。

4.1

电力系统无功功率与电压的关系

电压是衡量电力系统电能质量的重要指标之一，在诸多电能质量问题中，电压波动过大造成的危害面最为广泛，不但直接影响电气设备的性能，还将影响系统的安全稳定运行，甚至可能引起系统电压崩溃，造成用户大面积停电。因此，保证用户处的电压接近额定值是电力系统运行的基本任务之一。在交流高压电网中，输电线路的电抗要远大于电阻，系统中母线有功功率的变化主要受电压相位的影响，无功功率的变化则主要受母线电压幅值变化的影响。因此，电力系统的运行电压水平取决于无功功率的平衡。

在电力系统运行中，电源发出的无功功率（又称无功出力）在任何时刻都同负荷的无功功率（简称无功负荷）与网络的无功损耗之和相等，即

$$Q_{GC}=Q_{LD}+Q_{L} \tag{4-1}$$

式中：Q_{GC} 为电源发出的无功功率之和；Q_{LD} 为负荷消耗的无功功率之和；Q_{L} 为网络无功功率损耗之和。

如何确定无功功率平衡与电压水平之间的关系，下面以简单电力系统模型进行分析。例如，隐极发电机经过一段线路向负荷供电，略去各元件电阻，系统的等值电路及其相量图如图 4-1 所示。图中，E 为隐极机的机端电动势值，U 为受端电压值，X 为发电机电抗与线路电抗之和，角度 δ 为电动势 E 与受端电压 U 之间的相位角，角度 φ 为受端电压 U 与线路电流 I 之间的相位角。

假定发电机和负荷的有功功率为定值，根据图 4-1（b）可以确定发电机送到负荷节点的功率为

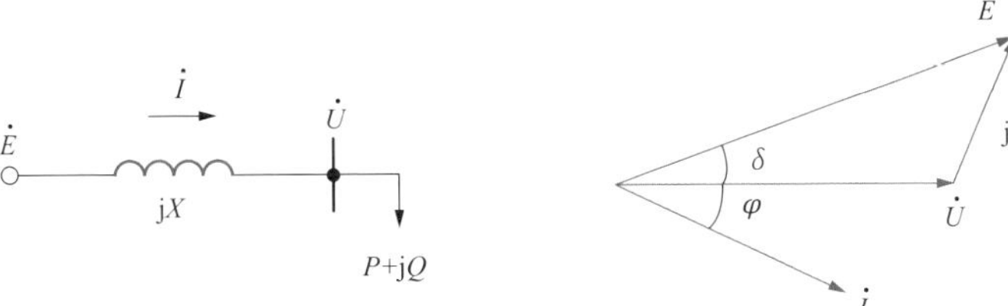

（a）简单电力系统等值电路 （b）简单电力系统相量图

图 4–1 简单电力系统无功功率和电压的关系

$$P = UI\cos\varphi = \frac{EU}{X}\sin\delta \tag{4–2}$$

$$Q = UI\sin\varphi = \frac{EU}{X}\cos\delta - \frac{U^2}{X} \tag{4–3}$$

当有功功率 P 为一定值时，有

$$Q = \sqrt{\left(\frac{EU}{X}\right)^2 - P^2} - \frac{U^2}{X} \tag{4–4}$$

当电动势 E 为一定值时，Q 同 U 的关系如图 4–2 曲线 1 所示，是一条向下开口的抛物线。系统负荷主要是异步电动机，其无功电压特性如图 4–2 中曲线 2 所示。当曲线 1 与曲线 2 的交点 a 确定了负荷节点的电压值 U_a，或者说，系统在电压 U_a 下达到了无功功率的平衡。

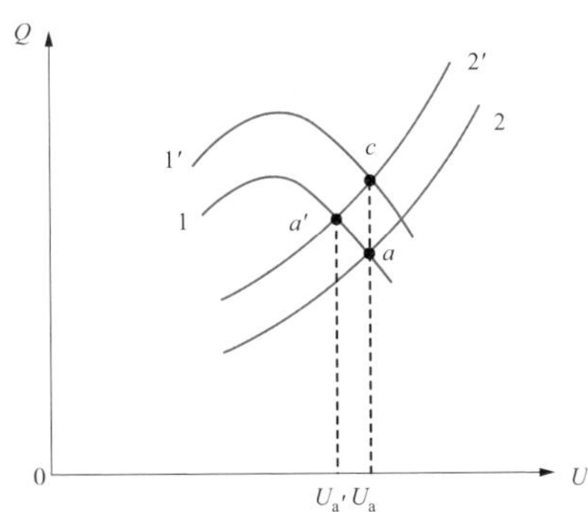

图 4–2 按无功功率平衡确定电压

当负荷增加时，其无功电压特性曲线如曲线 2′ 所示。如果系统的无功电源没有相应增加（发电机励磁电流不变，电动势也就不变），电源的无功特性仍然是曲线 1。这时曲线 1 和 2′ 的交点 a' 就代表了新的无功平衡点，并由此决定了负荷点的电压 $U_{a'}$。显然 $U_{a'} < U_a$。这说明负荷增加后，系统的无功电源已不能满足在电压 U_a 下无功平衡的需要，因而只能降低电压运行，以取得在较低电压下的无功平衡。如果发电机具有充足的无功备用，可以通过调节励磁电流，增大发电机的电动势 E，则发电机的无功特性曲线将上移到曲线 1′ 的位置，从而使曲线 1′ 和 2′ 的交点 c 所确定的负荷节点电压达到或接近原来的数值 U_a。由此可见，只要整个系统的无功电源比较充足，能满足较高电压水平下的无功平衡的需要，系统就有较高的运行电压水平；反之，无功不足就反映为运行电压水平低。因此，应力求实现在额定电压下的系统无功功率平衡，并根据这个要求装设必要的无功补偿装置。

通过以上分析可知，电压水平的控制是通过全系统中控制无功功率的产生、吸收和传输而完成的。系统中各种无功电源的无功输出功率，应能满足系统负荷和网络损耗在额定电压下对无功功率的需求，否则电压就会偏离额定值。为此，下面将介绍无功功率损耗和各种无功电源的特点。

4.1.1 无功功率损耗

电力系统的无功功率损耗主要包括无功负荷和网络无功功率损耗。

1. 无功负荷

异步电动机在电力系统无功负荷中占比很大，系统无功负荷的电压特性主要由异步电动机决定。异步电动机的简化等值电路如图 4-3 所示。

异步电动机所消耗的无功功率 Q_M 为

$$Q_M = Q_m + Q_\sigma = \frac{U^2}{X_m} + I^2 X_\sigma \tag{4-5}$$

式中：Q_m 为励磁功率，与电压平方成正比；Q_σ 为漏电抗 X_σ 中的无功损耗；X_m 为励磁电抗。

实际上，当电压较高时，受铁心饱和影响，励磁电抗 X_m 的数值还有所下降，因此，励磁功率 Q_m 随电压变化的曲线稍高于二次曲线。如果负荷功率不变，则$P_{\mathrm{M}}=\dfrac{I^2R(1-s)}{s}=$常数（$s$为转差率），当电压降低时，转差将要增大，定子电流随之增大，相应地，在漏抗中的无功损耗Q_σ也要增大。综合这两部分无功功率的变化特点，可得图4–4所示的曲线，其中β为电动机的受载系数，是电动机的实际负荷同它的额定负荷之比。在额定电压附近，电动机的无功功率随电压的升降而增减。当电压明显低于额定值时，无功功率主要由漏抗中的无功损耗决定，因此，随电压下降反而具有上升的特性。

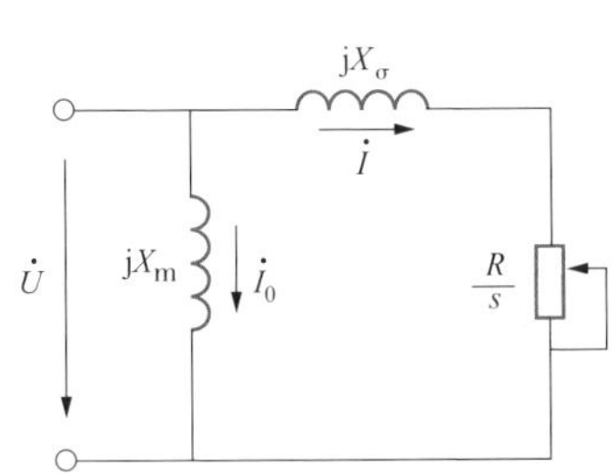

图4–3 异步电动机简化等值电路

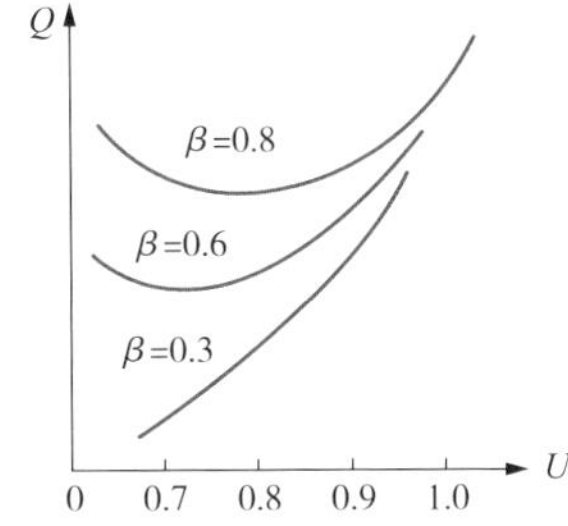

图4–4 异步电动机无功功率与端电压关系

2. 变压器的无功损耗

变压器的无功损耗Q_{LT}包括励磁损耗ΔQ_0和漏抗中的损耗ΔQ_{T}两部分，即

$$Q_{\mathrm{LT}}=\Delta Q_0+\Delta Q_{\mathrm{T}}=U^2B_{\mathrm{T}}+\left(\frac{S}{U}\right)^2X_{\mathrm{T}}\approx\frac{I_0\%}{100}S_{\mathrm{N}}+\frac{U_{\mathrm{k}}\%S^2}{100S_{\mathrm{N}}}\left(\frac{U_{\mathrm{N}}}{U}\right)^2 \tag{4–6}$$

其中，励磁损耗ΔQ_0大致与电压平方成正比。当通过变压器的视在功率S不变时，漏抗中损耗的无功功率ΔQ_{T}与电压平方成反比。因此，变压器的无功损耗电压特性也与异步电动机的相似。

变压器的无功功率损耗在系统的无功需求中也占有相当的比重。假设一台变压器的空载电流$I_0\%=1.5$，短路电压$U_{\mathrm{k}}\%=10.5$，由式（4–6）可知，在额定满载下运行时，无功功率的消耗将达额定容量的12%。如果从电源到用户需要经过好几级变压，变压器的数量很多，因而总的变压器无功损耗相当大。

3. 输电线路的无功损耗

输电线路的Π形等值电路如图4–5所示，线路串联电抗X的无功功率损耗ΔQ_{L}为

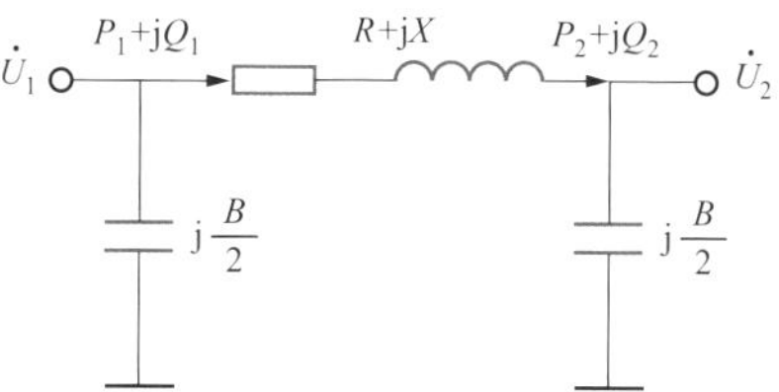

图 4–5　输电线路的 Π 形等值电路

$$\Delta Q_L = \frac{P_1^2+Q_1^2}{U_1^2}X = \frac{P_2^2+Q_2^2}{U_2^2}X \tag{4-7}$$

线路并联电容的充电功率为

$$\Delta Q_B = -\frac{B}{2}\left(U_1^2+U_2^2\right) \tag{4-8}$$

线路的无功总损耗为

$$\Delta Q_L + \Delta Q_B = \frac{P_1^2+Q_1^2}{U_1^2}X - \frac{U_1^2+U_2^2}{2}B \tag{4-9}$$

由此可知，输电线路的无功损耗共分为两部分，即串联电抗 X 和并联电纳 B 的无功损耗。其中，串联电抗中的无功损耗与负荷电流的平方成正比，呈感性；并联电纳中的无功损耗与电压平方成正比，呈容性。输电线路作为一个元件，究竟消耗还是发出无功，要视其具体情况而定。

一般情况下，35kV 及以下的架空线路，电纳的充电功率较小，都是消耗无功功率。110kV 及以上的架空线路传输功率较大时，为无功负荷，传输功率较小（小于自然功率）时，为无功电源。输电线路充电无功参考值见表 4–1。

表 4–1　输电线路充电无功参考值

导线型号	充电功率（Mvar/100km）					
	110kV	220kV		330kV	500kV	750kV
	单导线	单导线	双分裂	双分裂	三分裂	四分裂
LGJ–95	3.18	—	—	—	—	—
LGJ–120	3.24	—	—	—	—	—
LGJ–150	3.3	—	—	—	—	—

续表

导线型号	充电功率（Mvar/100km）					
	110kV	220kV		330kV	500kV	750kV
	单导线	单导线	双分裂	双分裂	三分裂	四分裂
LGJ-185	3.35	—	17.3	—	—	—
LGJ-240	3.43	12.7	17.5	36.9	—	—
LGJ-300	3.48	12.9	17.7	37.3	94.4	—
LGJ-400	3.54	13.2	17.9	37.5	95.4	215
LGJ-500	—	13.4	18.1	38.2	96.2	217
LGJ-600	—	13.6	18.2	38.6	96.7	218
LGJ-700	—	14.8	18.3	38.8	97.2	219

随着城市建设的需求变化，上海电网10~220kV电缆线路敷设长度逐渐增加。由于电缆线路与架空线路相比，其单位长度电抗小，一般为架空线路的30%~40%；正序电容大，一般为架空线路的20~50倍；由于散热条件不同，同样截面的导体，电缆长期允许通过的电流值一般只有架空线路的50%。可见，相对架空线路而言电缆线路运行特点是：损耗小、充电功率多、负荷轻。由于电缆线路是输送有功负荷的设备，一般将其看作是不能根据无功负荷变化而频繁投切的无功电源设备。

4.1.2 无功功率电源

电力系统的无功功率电源主要包括发电机、同步调相机、静止电容器、静止无功补偿器和静止无功发生器。静止电容器只能发出感性无功功率，其余几类补偿装置既能发出感性无功，也能发出容性无功。目前，中压配电网主要是由静止电容器来进行无功功率补偿。

1. 发电机

发电机是电力系统中最重要的有功电源，也是最基本的无功电源。发电机在向系统送出有功功率的同时也送出无功功率，这取决于其励磁情况。发电机在额定状态下运行时，可发出无功功率；当过励磁时，产生无功功率；当欠励磁时，吸收无功功率。

设发电机额定视在功率为 S_{GN}，额定有功功率为 P_{GN}，额定功率因数为 $\cos\varphi_N$，则发电机在额定状态下运行时，可发出的额定无功功率 Q_{GN} 为

$$Q_{GN} = S_{GN}\sin\varphi_N = P_{GN}\tan\varphi_N \tag{4-10}$$

假定隐极发电机连接在恒压母线上，其等值电路和相量图如图 4-6 所示。

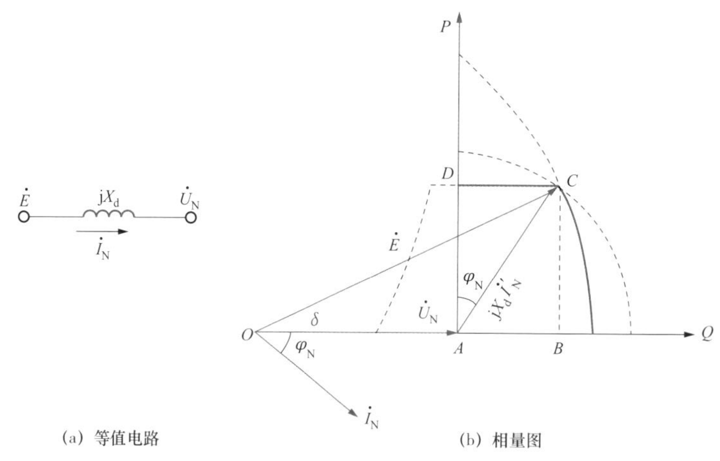

(a) 等值电路　　(b) 相量图

图 4-6　隐极发电机等值电路和相量图

发电机正常运行时以滞后功率因数运行，必要时也可以减小励磁电流在超前功率因数下运行，即所谓进相运行，以吸收系统中多余的无功功率。

2. 同步调相机

同步调相机实质上是空载运行的同步电动机。同步调相机在过励磁运行时，向系统供给感性无功功率，起无功电源作用；在欠励运行时，从系统吸取感性无功功率，起无功负荷作用。同步调相机的优点是：装有自动励磁调节装置的同步调相机，能根据装设地点电压的数值平滑改变输出（或吸收）无功功率。特别是有强行励磁装置时，在系统故障情况下，能调节系统电压，有利于提高系统稳定性。其缺点是：同步调相机是旋转机械，运行维护复杂；有功功率损耗大；投资费用较大（宜于大容量集中使用）；相应速度慢难以适应动态无功控制的要求。

3. 静止电容器

静止电容器只能发出感性无功，静止电容器供给的无功功率与其端电压

U 的平方成正比，补偿无功功率的计算公式为

$$Q_C=\frac{U^2}{X_C} \tag{4–11}$$

式中：X_C 为电容器的容抗。

静止电容器容抗计算公式为

$$X_C=\frac{1}{\omega C} \tag{4–12}$$

由式（4–11）可知，端电压越高，静止电容器发出的无功越大；端电压越低，发出的无功越小，即具有正的调节效应（$dQ/dU < 0$）。因此，当系统发生故障或由于其他原因导致电压下降时，静止电容器无功输出减少，将导致电压继续下降，可见其无功功率调节性能比较差。但是，由于静止电容器无旋转部件运行、维护简单，有功损耗小（额定容量的 0.3%~0.5%），故在电网中得到广泛应用。静止电容器装设容量可大、可小；为降低网络的电能损耗，可集中使用，也可分散装设就地供应无功功率。为了在运行中调节静止电容器的功率，可将电容连接成若干组，根据负荷的变化，分组投入或切除，实现补偿功率的不连续调节。

4. 静止无功补偿器

静止无功补偿器（Static Var Compensator，SVC），简称静止补偿器，由静电电容器与电抗器并联组成，能够平滑地改变吸收的无功功率。

常见静止补偿器的类型有由饱和电抗器与固定电容器并联组成（带有斜率校正）的静止补偿器，由晶闸管控制电抗器 TCR 与固定电容器并联组成的静止补偿器（TCR 型），晶闸管控制电抗器与晶闸管投切电容器 TSC 并联组成的静止补偿器（TSC 型）。

静止补偿器能够在电压变化时能够快速平滑地调节无功功率，满足动态无功补偿需要；运行维护简单，功率损耗较小；响应时间较短，对于冲击负荷有较强的适应性；TCR、TSC 型静止补偿器还能做到分相补偿以适应不平衡的负荷变化。其中，上海电网在 220kV 某变电站投运了 75Mvar 的 TCR 型静

止补偿器。

5. 静止无功发生器

基于三相电压逆变器的动态无功补偿装置，又称为静止无功发生器（Static Var Generator，SVG）或静止同步补偿器（Static Compensator，STATCOM）。静止无功发生器是应用电力电子技术对电流的大小及相位进行连续调节的装置，从而可以使电路输出容性无功或感性无功功率，实现动态无功补偿的目的。静止无功发生器与静止补偿器相比，响应速度更快，运行范围更宽，谐波电流含量更少；电压较低时仍可向系统注入较大的无功电流，所需的电容器容量远比所提供电容器的无功容量要小。上海电网已在 220kV 变电站投运了 ±50Mvar 的静止无功发生器。

4.1.3 无功功率平衡

电力系统无功功率平衡，即系统中的无功电源能够发出的无功功率，应不小于负荷所需的无功功率和网络中的无功损耗之和。为了保证系统运行可靠性和适应无功负荷的增长，系统还必须配置一定的无功备用容量。系统中无功功率平衡关系式为

$$Q_{GC}-Q_{LD}-Q_{L}=Q_{res} \tag{4-13}$$

式中：Q_{GC} 为电源供应的无功功率之和；Q_{LD} 为无功负荷之和；Q_{L} 为网络无功功率损耗之和；Q_{res} 为无功功率备用。

$Q_{res}>0$ 表示系统中无功功率可以平衡且有适量的备用容量；$Q_{res}<0$ 表示系统中无功功率不足，应考虑加设无功补偿装置。无功功率备用容量一般为无功功率负荷的 7%~8%，以防止负荷增大时电压质量下降。

系统无功电源的总输出功率 Q_{GC} 包括发电机的无功功率 $Q_{G\Sigma}$ 和各种无功补偿设备的无功功率 $Q_{C\Sigma}$，即

$$Q_{GC}=Q_{G\Sigma}+Q_{C\Sigma} \tag{4-14}$$

一般要求发电机接近于额定功率因数运行，故可按额定功率因数计算其发出的无功功率。此时，如果系统的无功功率能够平衡，则发电机就保持有

一定的无功备用。调相机和静电电容器等无功补偿装置按额定容量来计算其无功功率。

网络的总无功功率损耗 Q_L 包括变压器的无功损耗 $Q_{LT\Sigma}$、线路电抗的无功损耗 $\Delta Q_{L\Sigma}$ 和线路电纳的无功功率 $\Delta Q_{B\Sigma}$（一般只计算 110kV 及以上电压线路的充电功率），即

$$Q_L = Q_{LT\Sigma} + \Delta Q_{L\Sigma} + \Delta Q_{B\Sigma} \tag{4-15}$$

从改善电压质量和降低网络功率损耗考虑，应尽量避免通过电网元件大量地传送无功功率。因此，仅从全系统的角度进行无功功率平衡是不够的，还应该分地区、分电压等级进行无功功率平衡。

电力系统的无功功率平衡应分别按正常最大和最小负荷的运行方式进行计算。必要时还应校验某些设备检修时或故障后运行方式下的无功功率平衡。根据无功功率平衡的需要，增添必要的无功补偿容量，并按无功功率就地平衡的原则进行补偿容量的分配。小容量的、分散的无功补偿可采用静电电容器，大容量的、配置在系统中枢点的无功补偿则宜采用同步调相机或静止无功发生器。

电压调整

4.2.1 允许电压偏移

各种电气设备都是按额定电压来设计制造的。这些设备在额定电压下运行时将能取得最佳的效果。电压如果偏离额定值，轻则影响经济效益，重则危及设备安全。

电力系统常见的电气设备是异步电动机、电热设备、照明设备和家用电

器等。电压降低时，照明设备发光不足，影响人的视力和工作效率；电炉等电热设备的输出功率大致与电压的平方成正比，电压降低就会延长电炉的冶炼时间，降低生产率；当端电压太低时，异步电动机可能由于转矩太小而失速甚至停转。电压偏高时，照明设备的寿命将要缩短。除此之外，电压降低会使网络中的功率损耗和能量损耗加大；电压过低甚至会危及电力系统运行的稳定性；电压过高，各种电气设备的绝缘可能受到损害，在超高压网络中增加电晕损耗等。

电力系统的正常运行状态下，随着用电负荷的变化和系统运行方式的改变，网络中的电压损耗也将发生变化。要严格保证所有用户在任何时刻处于额定电压下是不可能的，因此，系统运行中各节点出现电压偏移是不可避免的。从技术和经济两方面综合考虑，合理地规定供电电压的允许偏移是完全必要的。

GB/T 12325—2008《电能质量 供电电压偏差》规定，35kV 及以上供电电压正、负偏差绝对值之和不超过标称电压的 10%；20kV 及以下三相供电电压允许偏差为标称电压的 ±7%；220V 单相供电电压允许偏差为标称电压的 −10%~+7%。供电电压允许偏差的计算公式为

$$\text{供电电压允许偏差（\%）}=\frac{\text{电压测量值}-\text{系统标称电压}}{\text{系统标称电压}}\times 100\% \qquad (4\text{-}16)$$

4.2.2 影响电力系统电压的因素

在同一等级的电网中，电压的高低直接反映了本级电网无功的平衡。与频率不同的是，各个中枢点的电压特性更具有地区性质，即不同的无功功率供需分布关系不同，不同点的电压在同一时刻的表现也不同。如前文所述，电压受该电压点无功平衡影响，如图 4–2 所示，当无功过剩时，电压就会升高；反之，电压就会降低。

影响电力系统电压的因素主要有：

（1）生产、生活、气象等因素引起的负荷变化而未及时调整电压；

（2）无功补偿容量的变化；

（3）系统运行方式的改变引起的功率分布和网络阻抗变化；

（4）电网发电能力不足，缺少无功功率；

（5）受冲击性负荷或不平衡负荷影响。

4.2.3 电压调整的基本原理

某简单电力系统如图 4–7 所示，发电机通过升压变压器、线路和降压变压器向用户供电，下面以调节负荷节点 b 的电压来说明电压调整的基本原理。

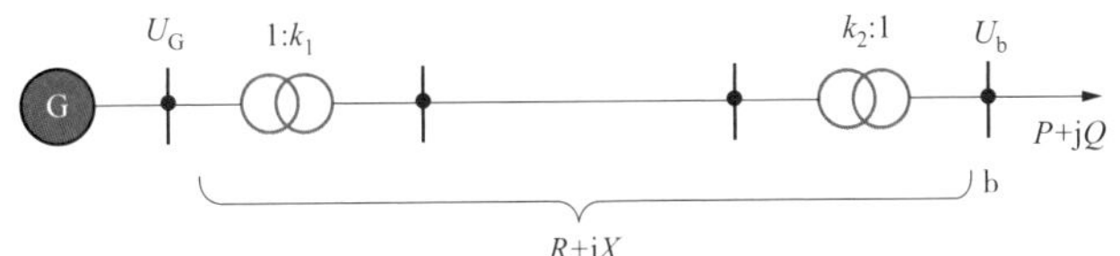

图 4–7 电压调整原理解释图

为分析简便起见，略去线路的电容功率、变压器的励磁功率和网络的功率损耗，变压器的参数已归算到高压侧。b 点的电压为

$$U_b = (U_G - \Delta U)/k_2 \approx \left(U_G k_1 - \frac{PR+QX}{U}\right)/k_2 \tag{4–17}$$

式中：k_1 和 k_2 分别为升压和降压变压器的变比；R 和 X 分别为变压器和线路的总电阻和总电抗。

由式（4–17）可见，可采取以下措施调整用户端电压 U_b：

（1）调节发电机的端电压 U_G，称为发电机调压；

（2）调节变压器的变比 k_1、k_2，称为变压器调压；

（3）在负荷端并联无功补偿设备，减小输电线路中流通的无功 Q，从而减小电压损耗 ΔU，称为并联补偿调压；

（4）在输电线路中串联电容器以减小 X，从而减小电压损耗 ΔU，称为串联补偿调压。

以上为根据调压的基本理论所得出的相应理论措施。在实际的电网运行中，调度在进行调压时，应以电厂调压为主，各变电站协调配合，按照分层分区和就地平衡的原则进行控制。当厂站电压偏移时，可以通过以下具体方法进行调节。

1. 发电机调压

发电机母线做电压中枢点时，可以利用发电机的自动励磁调节装置调节发电机励磁电流，以改变其端电压达到调压的目的。在额定电压的95%~105% 范围内同步发电机可保持以额定输出功率运行，通常在以发电机电压直接向用户供电的中小系统中供电线路不长，线路上电压损失不大，用调节发电机励磁和改变发电机母线电压的方式。但在多电源、多级电压的电力系统中，这种调压方式就难满足负荷对电压的要求。发电机进相运行是指发电机发出有功而吸收无功的稳定运行状态；发电机调相运行是指发电机不发出有功而向电网输送感性无功功率的运行状态。

2. 变压器调压

变压器调压方式有载调压和无载调压两种，其特点见表 4-2。

表 4-2　变压器调压方式

调压方式	特点
有载调压	变压器在运行中可以调节变压器分接头位置，从而改变变压器变比，以达到调压目的。有载调压中又分线端调压和中性点调压两种方式，即变压器分接头处在高压绕组线端或处在高压绕组中性点侧。分接头在中性点侧可降低变压器抽头的绝缘水平，有明显的优越性，但要求变压器在运行中中性点必须直接接地。有载调压变压器用于电压质量要求高的场合；加装有自动调压检测控制部分，在电压超出规定范围时自动调整电压
无载调压	在变压器停电、检修情况下，调节变压器分接头位置，改变变压器变比，以实现调压目的。无载调压变压器的调整幅度较小（每改变一个分接头，其电压调整 2.5% 或 5%），输出电压质量差，但比较便宜，体积较小

升压变压器，由于其低压侧一般接单台发电机，单机对高压侧电网而言，高压侧仍可看作无穷大系统。当调高变压器分接头挡位时，在高压侧电压不

变的前提下，低压侧电压降低，无功输出增加，结果使输入电网的无功增加；相反，当调低变压器分接头挡位时，将使低压侧电压升高，迫使发电机输出的无功下降。

降压变压器，对 220kV 及以下电网而言，一般是起到将主网负荷向地区网输送的作用。此时，相对低压侧电网，高压侧可看作无穷大系统，即电压不变。当调高变压器分接头挡位时，变压器变比增大，结果使等值电抗变大，低压侧输出电压降低；相反，当调低变压器分接头挡位时，将使低压电网负荷的无功消耗增加，使高压网经变压器流入低压网的无功增加。

因此，改变变压器变比调压只能改变无功的分布。通过变压器调压，只能在电网无功功率充裕的情况下进行，否则不但起不到调压作用，反而会影响电网稳定运行。

3. 并联补偿设备调压

并联补偿设备调压是指采用电容器、电抗器、同步调相机和静止无功补偿器等并联在主接线中的无功补偿设备，以发出一定无功功率为目的的调压方式。在负荷点装设并联电容器从而提高负荷点的功率因数，减少通过输电线上的无功功率，以达到减小输电线的电压损失和调整电压的目的。这种调压措施一般都在负荷端无功电源不足、负荷功率因数较低和输电线路较长时才考虑采用。采用并联电抗器进行调压，其特性正好和并联电容器相反。并联电抗器补偿调压主要用于电网中无功功率过多，导致电压过高的情况。例如城市电网中电缆的充电无功功率较大，引起电网某些点电压过高，因此需要装设并联电抗器吸收无功。

4. 串联补偿调压

所谓串联补偿调压是指将电容器串联在输电线路上，以减小线路电抗，提高线路末端电压为目的的调压方式，又称为参数补偿调压。如图 4-7 所示，当在线路上串联电容器时，输电线路的电抗值 $X=X_L-X_C$。根据式（4-17）可知，此时的电压损耗 $\Delta U=\dfrac{PR+Q\left(X_{\mathrm{L}}-X_{\mathrm{C}}\right)}{U}$，则串联电容补偿后的 ΔU 将降低，从而提高了末端电压值。

5. 调整运行方式调压

除了常规调压手段外，也可通过调整电网运行方式调压。例如，调整潮流，转移负荷；在不影响系统稳定水平的前提下，按预先安排断开轻载线路或投入备用线路。但是这些调压方式削弱了电网网架结构，在一定程度上降低了供电可靠性。

在电网实际运行中，可通过自动电压控制装置（AVC），利用计算机和通信技术，对电网中的无功资源以及调压设备进行自动投切控制，具体内容见4.3.2。

4.2.4 系统电压调整的方式

1. 顺调压方式

顺调压方式在最大负荷时允许中枢点电压低一些（但不得低于线路额定电压的 102.5%），最小负荷时允许中枢点电压高一些（但不得高于线路额定电压的 107.5%），在无功调整手段不足时可采用。该方式一般适用于负荷变动很小，线路电压损耗小，或用户处于允许电压偏移较大的农业电网。

2. 逆调压方式

若中枢点供电至各负荷点的线路较长，各点负荷的变动较大，且变化规律大致相同，则在最大负荷时，要提高中枢点电压以抵偿线路上因负荷增大而增大的电压损耗；在最小负荷时，则要将中枢点电压降低一些以防止负荷点的电压过高。这种中枢点的调压方式称为逆调压。采用逆调压方式，一般在最大负荷时中枢点电压比线路额定电压高 5%；在最小负荷时，中枢点电压则下降至线路的额定电压。此种方式大多能满足用户对电能质量的要求，因此在有条件的电网均应采用逆调压方式。

为保证下级供电质量，降低系统网损，目前上海 220kV 电力系统采取逆调压的策略。但是由于电网用电峰谷差较大，高峰时系统无功功率需求较多，因此高峰时段的实际电压仍有可能低于低谷电压。

3. 恒调压方式

如果负荷变动较小，线路上的电压损耗也较小，则只要将中枢点电压保持在较线路额定电压高 2%~5% 的范围，不必随负荷变化来调整中枢点的电压，即可保证负荷点的电压质量。这种调压方式称为恒调压或常调压。

【例 4-1】某 35kV 变电站主变压器有载调压为 35kV+4-2×2.5%/10.5kV，请说明该主变压器有载调压共几挡，每挡的变比为多少？标准挡是几挡？如系统电压为 9.8kV，主变压器有载分接头在 3 挡，如何调节才能提高系统电压？调节后的系统电压是多少？

解：该主变压器有调压共有七挡。每挡的增减值为

$$35\times 2.5\%=0.875\text{（kV）}$$

每挡的变比分别如下：

第 1 挡：38.500/10.5kV。

第 2 挡：37.625/10.5kV。

第 3 挡：36.750/10.5kV。

第 4 挡：35.875/10.5kV。

第 5 挡：35/10.5kV。

第 6 挡：34.125/10.5kV。

第 7 挡：33.250/10.5kV。

标准挡是第 5 挡。

如系统电压为 9.8kV，有载分接头挡位在 3 挡，故 35kV 侧实际电压为

$$U_{35}=9.8\times 36.750/10.5=34.3\text{（kV）}$$

该值处于第 5 挡与第 6 挡之间，所以选择将分接头调整至第 5 挡。调节后的系统电压为

$$U_{10}=34.3\times 10.5/35=10.29\text{（kV）}$$

满足要求。

【例 4-2】已知某 6kV 用户的最大和最小负荷分别为 S_{max}=（800+j600）kVA 和 S_{min}=（300+j150）kVA，若需保证在最大和最小负荷时，其功率因数

$\cos\varphi \geqslant 0.95$，请问需要分别投入多少组电容器？每组电容器参数为：S_N=10.5kV，Q_N=100kvar。

解：单组电容器在 6kV 下的补偿容量为

$$Q_{com} = Q_N\left(U/S_N\right)^2 = 100\times\left(6/10.5\right)^2 = 32.7\left(\text{kvar}\right)$$

最大负荷时有

$$Q_1 = P_{max}\sqrt{\frac{1}{\cos\varphi^2}-1} = 800\times\sqrt{\frac{1}{0.95^2}-1} = 262.95\left(\text{kvar}\right)$$

$$\Delta Q_{max} = Q_{max} - Q_1 = 600 - 262.95 = 337.05\left(\text{kvar}\right)$$

$$N = \frac{\Delta Q_{max}}{Q_{com}} = 337.05/32.7 = 10.3$$

N 取整为 11 组。

最小负荷时有

$$Q_2 = P_{min}\sqrt{\frac{1}{\cos\varphi^2}-1} = 300\times\sqrt{\frac{1}{0.95^2}-1} = 98.61\left(\text{kvar}\right)$$

$$\Delta Q_{min} = Q_{min} - Q_2 = 150 - 98.61 = 51.39\left(\text{kvar}\right)$$

$$N = \frac{\Delta Q_{min}}{Q_{com}} = 51.39/32.7 = 1.57$$

N 取整为 2 组。

【例 4-3】某 220kV 变电站含 110kV、35kV 两个电压等级，站内主变为无载调压，110kV 出线所送 110kV 变压器为有载调压，其中 35kV 出线系电缆线路，所供负荷主要为城网人口、商业稠密地区。在法定长假期间，两台主变负荷率均仅有 20% 左右，35kV 出线亦处于 20% 负荷率的轻载水平。某地调调度员发现站内各级母线电压情况如下：35kV 母线电压达 37kV，偏高；110kV 母线电压为 112kV，正常；220kV 母线电压至 236kV，偏高。试问：这位调度员可采取哪些措施使地调所管辖的各等级电压水平恢复至合理区间？

解：（1）增加投入变电站 35kV 电抗器，退出 35kV 电容器。

（2）督促用户变电站按有关规定退出电容器。

（3）通过调整 110kV 出线所送变电站的有载调压变压器分接头，确保

110kV 电压及用户电压不偏低。

（4）联系上级调度，确保系统安全情况下，调低变电站 220kV 母线电压。

（5）确保系统安全情况下，调整 35kV 出线负荷，拉停部分轻载、空载电缆线路，减少充电功率。

电压调整的应用系统

在电力系统中，电压补偿的手段、设备很多，目前在 10kV 中压配电网中主要为有载调压变压器调压和无功补偿设备调压两种手段。由于电压调节装置分布的分散性，决定了电压控制的复杂性。如何对无功电压设备进行控制，是现阶段电网调度部门亟须解决的问题。现阶段，国内外配电网无功电压控制普遍应用的方式主要有：①人工调节；②基于变电站的电压无功控制（Voltage Quality Control，VQC）；③自动电压控制（Automatic Voltage Control，AVC）。

目前，国内地区电网调度自动化（SCADA/EMS）主站系统实用化水平不断提高，SCADA 的“四遥”功能日趋完善。因此，基于 SCADA/EMS 系统的无功电压优化自动控制（AVC）系统已广泛应用于上海电网。

1. 人工调节

人工调节是指值班调度员通过监测各下级厂站的功率因数、无功分布、变压器分接头挡位以及 10kV 母线电压，通过遥控、遥调等手段，直接远程调度相关厂站，使得变压器分接头挡位与电容器的投切配合更加合理。人工调节可以在一定程度上缓解无功分布不合理，下级厂站无功倒送的问题，但对调度员实际经验要求较高，额外增加了调度员的工作负担，且调节数量有限。

2. 基于变电站的无功电压控制

基于变电站的电压无功控制（VQC）调节采用分散调整的方式实现无功电压控制。各变电站利用本身所具有的无功资源实施对变电站电压 / 无功控制，也就是采用基于 VQC 装置的无功电压调节手段。其原理是根据系统当前运行状态在九区图或者改进十七区图上所处的位置来决定相应的控制方案，调节变压器的分接头挡位或者投切电容器，从而保证一定的电压合格率和功率因数。这种方法操作相对简单，但是难以完全实现全范围的无功电压最优控制。就单个变电站而言，提高了电压合格率和电容器利用率，但是在二级电网会出现电压频繁调整，容易造成电压调节不合理现象。

3. 自动电压控制

自动电压控制（AVC）系统主要功能是在确保电网安全稳定运行前提下，保证电压和关口功率因数合格，尽可能减少线路无功传输、降低电网因不必要无功潮流引起的有功损耗。从网络安全防护和方便维护角度出发，AVC 与 EMS 平台一体化设计，从 PAS 网络建模获取控制模型，从 SCADA 获取实时采集数据并进行在线分析和计算，对电网内变电站有载调压装置和无功补偿设备进行集中监视、统一管理和在线控制，实现全网无功电压优化控制闭环运行。AVC 对全网无功电压状态进行集中监视和分析计算，从全局的角度对广域分散的电网无功装置进行协调优化控制，是保持系统电压稳定，提升电网电压质量和整个系统经济运行水平，提高无功电压管理水平的重要技术手段。

4.3.1 变电站的无功电压控制系统（VQC）

地区电网采用分散调整的方式实施无功电压控制，即变电站利用本身所具有的无功资源进行电压 / 无功控制。根据系统当前运行状态在“九区图”上所处的位置来决定相应的控制方案，调节变压器的分接头挡位或者投切电容器，从而保证一定的电压合格率和功率因数。这种方法称为变电站的无功电压控制（VQC）。

过去，变电站电压调整一般是靠值班人员通过手动操作变压器有载开关和投切电容器来完成。这种方式有着明显的缺点，运行人员无法做到实时调节，导致调节效率低。通过在变电站安装 VQC 系统，代替了原来的手动调节，取得很好的效果。目前，VQC 系统在变电站已经得到了广泛的应用，对电网安全、稳定和经济运行起着积极的作用。

VQC 的目的是自动控制变电站的电压 U 和无功 Q，使其满足要求。根据电压调整的基本原理可知，VQC 是通过监视母线电压和母线无功的变化，采用改变主变压器分接头挡位和投切电容器组的控制方法来改变系统的电压和无功。分接头调节和电容器投切对电压和无功的影响大，如图 4-8 所示。

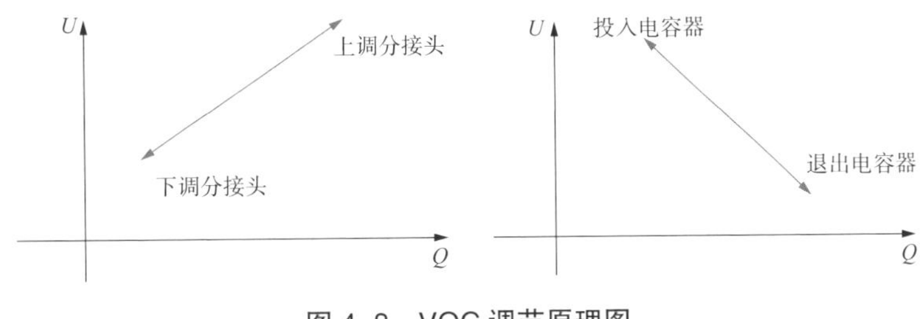

图 4-8 VQC 调节原理图

根据电压和无功的越限情况，将有载调压的控制策略划分为九个域，在九个域内采取相应的控制策略。Q+ 表示无功越上限，Q– 表示无功越下限，Q_0 表示无功正常，U+ 表示电压越上限，U– 表示电压越下限，U_0 表示电压正常。分接头上调电压上升，无功上升；分接头下调电压下降，无功下降。电容器投入无功下降、电压上升。电容器切除无功上升、电压下降。所有的 VQC 系统都是依据“九区图”原理来设计的，如图 4-9 所示。图中，1、9、5 区为 Q_0，3、9、7 区为 U_0。

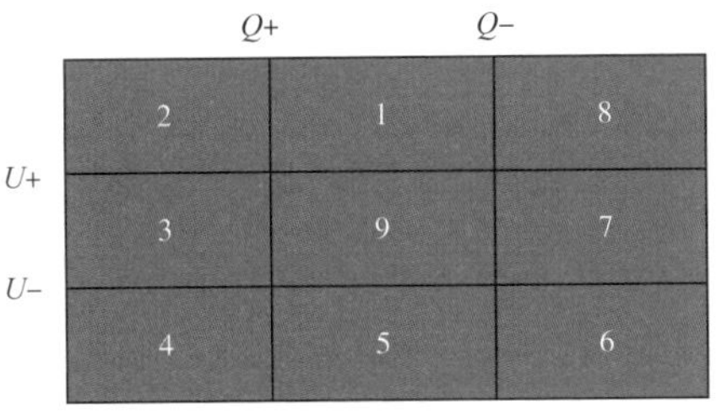

图 4-9 VQC“九区图”控制策略

基于“九区图”的 VQC 系统在各区的策略见表 4-3。

表 4-3　　基于“九区图”的 VQC 系统在各区的策略表

分区	动作策略
1 区	分接头向下调节，如果已到最低挡则切除电容器
2 区	切除电容器，如果电容器已切完，分接头向下调节
3 区	切除电容器，如果电容器已切完，则不动作
4 区	分接头向上调节，如果已到最高挡则投入电容器
5 区	分接头向上调节，如果已到最高挡则投入电容器
6 区	投入电容器，如果电容器已投完，分接头向上调节
7 区	投入电容器，如果电容器已投完，则不动作
8 区	分接头向下调节，如果已到最低挡则切除电容器
9 区	正常范围，不动作

“九区图”原理简单，控制方便、可靠，但也存在明显的不足，其所有的控制策略都是静态的，没有预测性，有时会出现盲目调节。为了避免盲目调节，系统需要将“九区图”进一步细分为“十七区图”的控制方案，如图 4-10 所示。

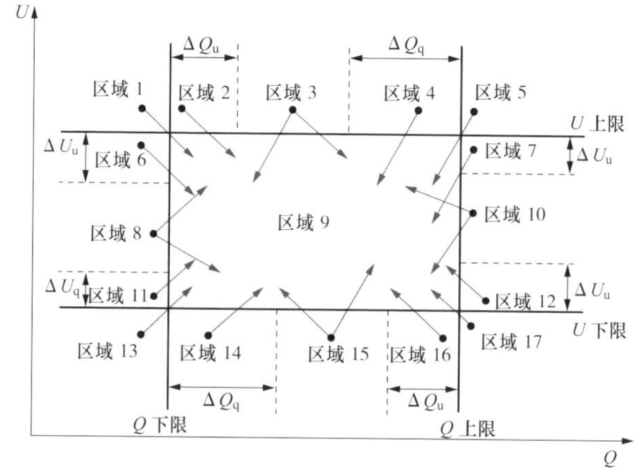

图 4-10　VQC 系统“十七区图”控制策略

基于“十七区图”的VQC系统在各区的策略见表4–4。

表4–4　　基于“十七区图”的VQC系统在各区的策略表

分区	动作策略
1区	U越上限，Q越下限，退出电容器。备用方案为分接头下调（电压优先方式）
2区	U越上限，Q正常偏小，退出电容器。备用方案为分接头下调（电压优先方式）
3区	U越上限，Q正常，分接头下调或退出电容器（电容器优先）。备用方案为退出电容器或分接头下调（电容器优先）
4区	U越上限，Q正常偏大，分接头下调。备用方案为退出电容器（电压优先方式）
5区	U越上限，Q越上限，分接头下调。备用方案为退出电容器（电压优先方式）或投入电容器（无功优先方式）
6区	U正常偏大，Q越下限，退出电容器
7区	U正常偏大，Q越上限，分接头下调。备用方案为投入电容器（无功优先方式）
8区	U正常，Q越下限，退出电容器
9区	U正常，Q正常，一切正常，保持现状
10区	U正常，Q越上限，投入电容器
11区	U正常偏小，Q越下限，分接头上调。备用方案为退出电容器（无功优先方式）
12区	U正常偏小，Q越上限，投入电容器
13区	U越下限，Q越下限，分接头上调。备用方案为退出电容器（无功优先方式）或投入电容器（电压优先方式）
14区	U越下限，Q正常偏小，分接头上调。备用方案为投入电容器（电压优先方式）
15区	U越下限，Q正常，分接头上调或投入电容器（电容器优先）。备用方案为投入电容器或分接头上调（电容器优先）
16区	U越下限，Q正常偏大，投入电容器。备用方案为分接头上调（电压优先方式）
17区	U越下限，Q越上限，投入电容器。备用方案为分接头上调（电压优先方式）

由图4–10和表4–4可见，VQC调节方式分为五种：①只调电压；②只调无功；③电压优先（当电压与无功不能同时满足要求时，优先保证电压正常）；④无功优先（当电压与无功不能同时满足要求时，优先保证无功正常）；

⑤智能调节（当电压与无功不能同时满足要求时，保持现状）。

4.3.2 自动电压控制系统（AVC）

电网的电压和无功是紧密结合的两个物理量，针对供电环节，调节有载调压变压器分接头和投切无功补偿设备是对电压无功进行控制的主要手段。目前，变电站的电压无功控制技术（VQC）逐渐成熟，已经大量应用到实际电力系统中，但这种技术有一定的局限性。由于 VQC 仅仅采集单个变电站的运行参数，未能实现对全网范围内各变电站的电容器和有载调压变压器分接头挡位进行综合考虑协调控制，会出现局部优化而全网受影响的局面。因此，需要对其进行改进，实现面向全网的电压优化和自动控制，从而确保提供满足用户需求的电能质量。

随着计算机和通信技术的不断进步，电压无功控制策略逐渐由 VQC 向 AVC 过渡。AVC 系统实现了对地区电网无功、电压状态的集中监视和分析计算，可从全局的角度对广域分散的各变电站的电容器和有载调压变压器分接头进行协调优化控制，是保持系统电压稳定、提升电网电压质量和整个系统经济运行水平、提高无功电压管理水平的重要技术手段。

1. AVC 系统简介

AVC 系统是基于 EMS 调度自动化平台的高级应用系统，其主要功能是在保证电网安全稳定运行前提下，保证电压和功率因数合格，并尽可能降低系统因不必要的无功潮流引起的有功损耗。AVC 与 EMS 平台一体化设计，从 PAS 网络建模获取控制模型，从 SCADA 获取实时采集数据并进行在线分析和计算，对电网内各变电站的有载调压装置和无功补偿设备进行集中监视、统一管理和在线控制，实现全网无功电压优化控制闭环运行。AVC 系统结构如图 4–11 所示。基于 EMS 平台一体化设计的地区电网 AVC 应用子系统满足以下优化控制目标：①安全性与经济性协调控制；②分层分区协调控制；③省地调协调控制；④离散型设备协调控制。

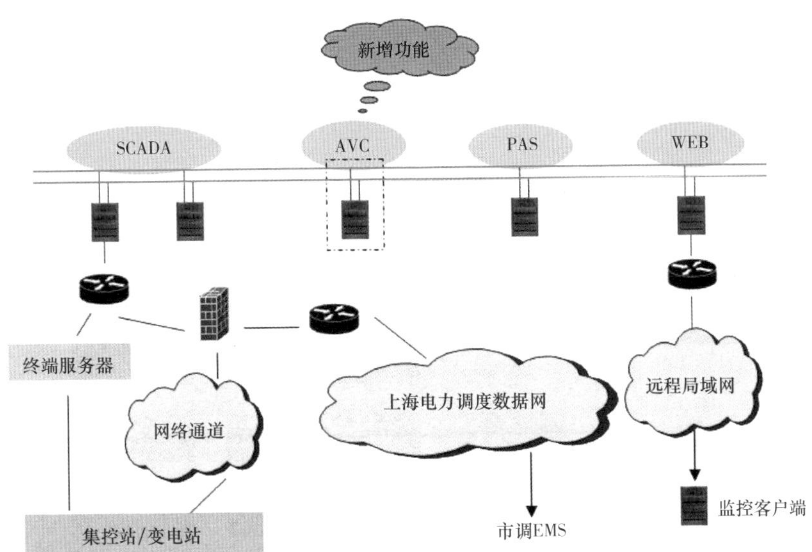

图 4-11 AVC 系统结构图

2. AVC 控制策略

AVC 通过监视电力系统内各节点量测量，对系统提出建议或控制。总体原则是电压优先，调压时兼顾无功，使系统电压在定值范围内、功率因素控制在合格、各站无功就地平衡。AVC 控制策略流程框图如图 4-12 所示。

根据无功平衡的局域性和分散性，AVC 对地区电网电压框、无功分层、分区控制，使其自动控制在空间上解耦。AVC 数据库模型定义了厂站、电压监测点（母线）、控制设备（无功补偿装置、变压器）等记录，并根据网络拓扑实时跟踪方式变化，进行动态分区，以 220kV 枢纽变电站为中心，将整个电网分成若干彼此间无功电压电气耦合度很弱的区域电网。典型地区电网区域接线图如图 4-13 所示。

（1）区域电压策略。区域电压策略是指利用区域枢纽站对下属各厂站电压的影响，用来改善区域普遍电压状况。具体来说，在负荷高峰即将来临的

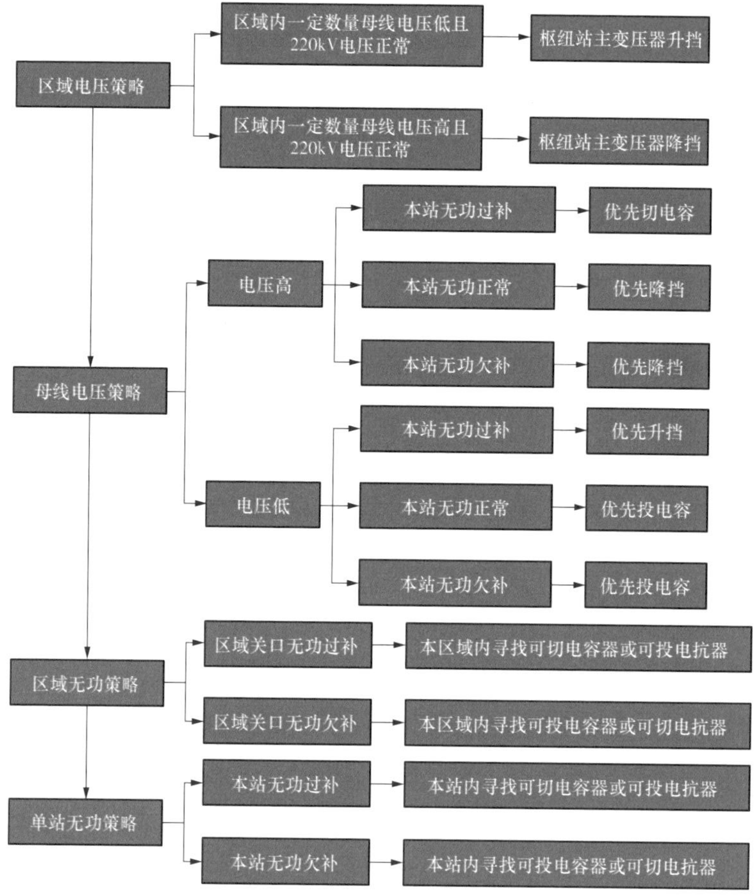

图 4–12　AVC 控制策略流程框图

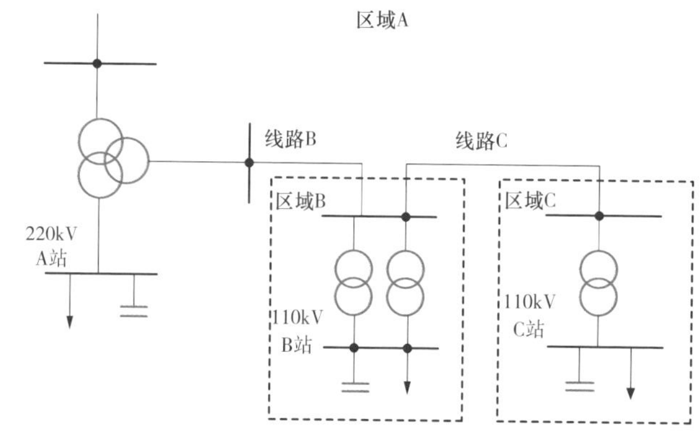

图 4–13　典型地区电网区域接线简图

爬坡阶段，区域内各母线电压有逐渐降低的趋势，当枢纽变电站高压侧电压正常时，上调区域枢纽厂站的主变压器挡位，可普遍提高区域内各母线的电压水平，达到只调节一次设备而改善区域电压水平的目的。反之亦然，从而达到以较少设备动作次数改善区域电网电压的目的。

（2）母线电压策略。母线电压策略用来校正母线电压越限情况。当检测到某低压侧母线电压过高时，同时检查本站无功情况。若本站无功过补，则优先考虑切电容，并预判切除电容后区域和本站关口的无功情况。若预判切除电容后不会导致区域和本站无功欠补，则选择越限母线下所挂一组电容予以切除，以达到同时校正电压越限与无功越限的目的。若预判切除电容后会导致区域无功不合格，则不切除电容器，考虑降挡。此时，若本站无功在合格范围内，则优先考虑降挡以纠正电压，而不切除电容器，以保持电容器对本站无功的继续支持；若此时本站无功欠补，则只能降挡。

当检测到某低压侧母线电压低时，同时检查本站无功情况。若本站无功过补，则优先升挡以校正电压，而不投电容器，以避免本站无功越限情况加重。若此时本站无功在合格范围内，则优先考虑投电容器，并预判电容器投入后区域和本站的无功情况。若预判投电容器后不会导致区域和本站无功过补，则选择越限母线下所挂一组电容器予以投入，在校正电压的同时提高区域和本站的功率因数；若预判不通过，则考虑升挡。若此时本站无功欠补，则优先考虑投入电容器，并预判电容器投入后区域和本站的无功情况。若投入后不会导致区域和本站无功过补，则选择越限母线下所挂一组电容器予以投入，以达到同时校正电压越限和无功欠补的状况。

（3）区域无功策略。当区域内母线电压合格后，进入区域无功控制策略，检测本区域关口的无功情况。针对区域无功可能出现的过补和欠补两种情况，AVC 的无功控制相应地可分为无功切除、无功投入两个操作方向。

当区域关口无功过补时，在本区域内对已投入的电容器进行排序。排序原则为按照各电容器切除后对校正区域关口无功越限的灵敏度由大到小排序，并依次预判电容器切除后对电容器所属厂站无功和电容器所属母线电压影响。若切除上述序列中某电容器后不会导致所属厂站无功欠补且不导致所属母线电压越限，则切除该电容器。

当区域关口无功欠补时，在本区域内对已切除的电容器进行排序。排序原则为按照各电容器投入后对校正区域关口无功越限的灵敏度由大到小排序，并依次预判电容器投入后对电容器所属厂站无功和电容器所属母线电压影响。若投入上述序列中某电容器后不会导致所属厂站无功过补且不导致所属母线电压越限，则投入该电容器。当区域关口无功合格时，退出区域无功控制策略。

（4）单站无功策略。当区域内母线电压合格且区域关口无功合格时，进入单站无功策略，依次对本区域内各厂站无功进行判断。与区域无功策略类似，单站无功控制也可分为无功过补和无功欠补两种情况。不同的是，单站无功控制时选择动作的电容器为本站内的电容器，其排序原则同上。电容器动作前，仍需预判该电容器动作后对区域关口、本站无功、区域关口母线电压、电容所属母线电压的影响。

（5）控制流程。AVC 根据电网电压无功空间分布状态自动选择控制模式，控制模式优先顺序是“区域电压策略”>“母线电压策略”>“区域无功策略”>“单站无功策略”。例如，区域电压偏低时采用区域电压策略，快速提高群体电压水平；越限状态下采用母线电压策略，保证节点电压合格；全网电压合格时则考虑经济运行，采用“区域无功策略”。

3. AVC 控制功能

根据无功平衡的局域性和分散性，AVC 对地区电网分层、分区控制。在网络模型基础上，AVC 运行时根据 SCADA 遥信信息进行网络拓扑，自动识别电网运行方式。多个分区并行处理，计算时间对电网规模不敏感，保证大规模电网分析计算实时性。

AVC 根据电网电压无功分布空间分布状态自动选择控制模式，并使各种控制模式自适应协调配合，实现全网优化电压调节。

（1）区域电压控制。区域群体电压水平受区域枢纽厂站无功设备控制影响，是区域整体无功平衡的结果。结合实时灵敏度分析和自适应区域嵌套划分确定区域枢纽厂站。当区域内无功分布合理，但区域内电压普遍偏高（低）时，调节枢纽厂站无功设备，以尽可能少的控制设备调节次数，使最大范围内电压合格或提高群体电压水平，同时避免区域内多主变压器同时调节引起振荡，实现区域电压控制的优化。

（2）就地电压控制（电压校正控制）。由实时灵敏度分析可知，就地无功设备控制能够最快、最有效校正当地电压，消除电压越限。当某个厂站电压越限时，启动该厂站内无功设备调节。该厂站内变压器和电容器按九区图基本规则分时段协调配合，实现电压无功综合优化。

4. 省地调 AVC 协调控制

省网 AVC 系统通过控制发电机组无功功率结合地区电网 AVC 控制系统，确保 220kV 及以上厂站母线电压在要求的合格范围内，合理协调大机组无功输出功率分配，同时尽可能减少不同地区和电压等级之间的无功传输，减少网损。

省地调 AVC 协调控制技术实质是电源侧和负荷侧电压无功协调控制。根据分级控制思想，在每个分区中包括作为电源侧的发电机组和作为负荷侧的地区电网。省调 AVC 直接控制发电机组，使各区域内中枢母线电压在规定范围或按最优运行；对于地区电网则不宜直接下发遥控命令，而采取下发电压无功期望值的定值方式。控制界面一般选定为地调 220kV 主变压器高压侧，在该界面上控制省地电网间的无功交换。

省、地调度协调控制过程简述如下：

（1）省调按照优化控制策略尽量控制 220kV 线路无功流动小；

（2）在满足 220kV 母线电压合格的前提下，省调 AVC 尽量控制 220kV 变电站主变压器高压侧无功负荷满足 220kV 线路无功达到经济分布；

（3）省调 AVC 对地调 AVC 下达每个 220kV 变电站期望无功负荷指令；

（4）地调 AVC 应具有对省调 AVC 指令有效性进行校核的功能；

（5）省调 AVC 要考虑地区电网各片无功调节能力，使 AVC 指令可行。

在规定时间内接收不到省调 AVC 指令，地调 AVC 应切至当式地控制模式。

小结

为使电力系统有效和可靠运行，电压和无功功率应满足：①系统中所有装置的端电压应在可接受的限值内；②应使无功功率传输最小。为了确保系统的运行电压具有正常水平和无功功率传输最小，系统拥有的无功功率电源必须满足正常电压水平下的无功需求，并留有必要的备用容量。

电压质量的控制必须遵循分层分区、就地平衡的原则，尽量减少无功功率长距离的和跨电压等级的传送，这是实现有效地电压调整的基本要求。将中枢点电压控制在合理的范围内，再辅以各种分散控制的调压措施，就能保证各个节点的电压保持在容许的偏移范围内。

在电力系统稳态运行下，不仅要做好供求关系紧张条件下的无功功率平衡，也要妥善解决无功功率过剩时的平衡问题。随着电网的电压等级不断提高和城市电网中电缆线路不断增加，无功过剩和电压偏高问题日趋严重。因此，在进行无功功率优化和电压调整时必须要有限制无功过剩和电压偏高的手段。在改善电压电能质量方面，无功补偿不能只限于减小系统的电压偏移，还要能更全面地提高电压质量。

随着，电力系统信息化不断地加强，无功功率调整策略已不仅仅在理论上可行，现已成功投入工程，并取得了良好效果。本章最后介绍 VQC 和 AVC 的工作原理，以及在电网中的实际应用情况。

习题与思考题

4-1　电网无功补偿的原则是什么?

4-2　并联电容器作无功补偿的特点有哪些?

4-3　简述逆调压、顺调压和恒调压的含义。

4-4　对于局部电网无功功率过剩、电压偏高状况，应采用哪些基本措施?

4-5　已知一台双绕阻降压变压器，其参数为 110±2×2.5%/6.3kV，额定容量为 31.5MVA，短路损耗 P_k=200kW，短路电压百分值 $U_k\%$=10.4。最大负荷 S_{max}=28+j14（MVA）时，高压侧母线电压为 113kV；最小负荷 S_{min}=10+j6（MVA）时，高压侧母线电压为 115kV。现要求变压器低压侧电压控制在 6~6.6kV，试求分接头位置。（该变压器导纳可略去）

4-6　AVC 控制无功调节有何优点?

第5章 CHAPTER FIVE

05

电力系统有功功率平衡和频率调整

由于电力系统的发电、输电、配电、用电同时完成，在当前的技术条件下电能不能大量存储，因此电力系统有功发电和有功负荷必须时刻保持平衡。然而系统中有功功率平衡与频率密切相关，系统的频率也是衡量电能质量的重要指标之一。保持系统的频率不变，才能够保障电力系统本身安全稳定运行，满足电网用户的正常用电需求，因此，保持系统的频率在允许的波动范围内是电力系统运行的基本任务之一。

5.1 电力系统有功功率与频率的关系

频率是衡量电能质量的重要指标之一，保证电力系统的频率满足标准要求是系统运行调整的一项基本任务。频率变化时，负荷侧电动机的转速和输出功率随之变化，进而严重地影响用户产品的质量。由于发电厂的厂用机械（泵与风机）是使用异步电动机带动的，系统频率降低将导致发电厂的电动机功率降低，使发电厂的有功出力减小，从而引起系统频率的进一步降低，危及电力系统的正常运行。

电力生产的同时性决定电能的生产与消耗总是同时进行并时刻保持平衡。由于系统频率的高低与系统中运行发电机的转速成正比，转速又与原动机输入功率的大小、机组有功负荷水平有关，如果原动机功率和发电机的电磁功率之间产生功率不平衡，将会引起发电机转速的改变，即引起电力系统频率的变化。电网频率是发电功率与用电负荷平衡的依据。当发电功率与用电负荷相等时，电网频率维持在额定值；当发电功率大于用电负荷时，电网频率升高；当发电功率小于用电负荷时，电网频率降低。从以上分析可知，系统的频率稳定依赖于有功功率的平衡。

全系统频率统一，全系统发电机输出的有功功率之和，在任何时刻都与同系统的有功功率负荷（以下简称有功负荷，未特别指出的负荷即为有功负荷）相等。其中，有功负荷包括各种用电设备所需的有功功率和网络的有功功率损耗。由于电能尚不能大量储存，负荷的变化会引起发电机输出功率的相应变化。

依据变化特性的差异，系统总负荷可以看作由三种具有不同变化规律的变动负荷所组成。第一种是变化幅度很小、变化周期较短（一般为 10s 以内）的负荷；第二种是变化幅度较大、变化周期较长（一般为 10s~3min）的负荷，属于这类负荷的主要有电炉、延压机械、电气机车等冲击性负荷；第三种是变化缓慢的持续变动负荷，主要指由生产班制、生活规律及气象条件等变化引起的持续而缓慢变化的负荷。

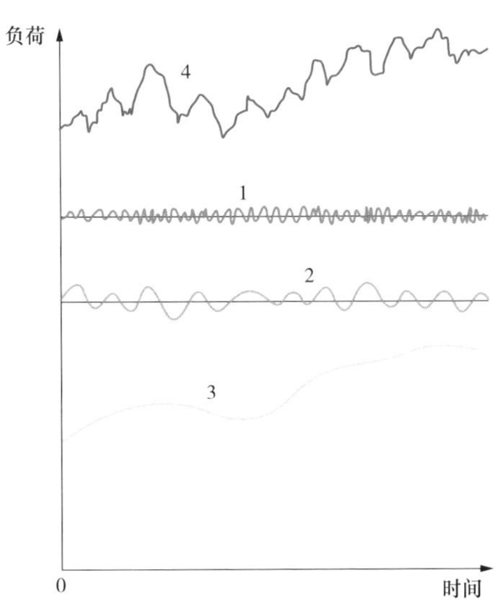

图 5-1 有功功率负荷的变化

1—第一种负荷类型；2—第二种负荷类型；3—第三种负荷类型；4—实际系统的总负荷

由图 5-1 可见，负荷是随时变化的，负荷变化将引起频率偏移。第一种变化负荷引起的频率偏移将由发电机组的调速器进行调整，这种调整通常称为频率的一次调整。第二种变化负荷引起的频率偏移由调频器进行调整，这种调整通常称为频率的二次调整。第三种负荷的变化，通常是根据预计的负荷曲线，按照一定的优化分配原则，在各发电厂间、发电机间实现功率的经济分配，称为有功功率负荷的优化分配。

电力系统的频率特性

5.2.1 负荷的频率静态特性

电网中，当电源与负荷失去平衡时，频率将立即发生变化。当频率变化时，整个系统中的负荷也将发生变化。系统处于运行稳态时，这种负荷随频率变化的特性称为负荷的频率静态特性。电力系统负荷的频率静态特性的数学表达式，即整个系统的负荷与频率的关系写为

$$P_{\mathrm{D}}=\alpha_0 P_{\mathrm{DN}}+\alpha_1 P_{\mathrm{DN}}\left(\frac{f}{f_{\mathrm{N}}}\right)+\alpha_2 P_{\mathrm{DN}}\left(\frac{f}{f_{\mathrm{N}}}\right)^2+\alpha_3 P_{\mathrm{DN}}\left(\frac{f}{f_{\mathrm{N}}}\right)^3+\cdots \tag{5-1}$$

式中：P_{D} 为任一频率 f 时整个系统的有功负荷；P_{DN} 为额定频率 f_{N} 时整个系统的有功负荷；α_i（i=0，1，2，…）为与频率的 i 次方成正比的有功负荷在 P_{DN} 中所占的份额，$\alpha_0+\alpha_1+\alpha_2+\alpha_3+\cdots=1$。

若以 P_{DN} 和 f_{N} 分别作为负荷和频率的基准值，以 P_{DN} 去除式（5-1）的各项，得到用标幺值表示的负荷频率特性为

$$P_{\mathrm{D}*}=\alpha_0+\alpha_1 f_*+\alpha_2 f_*^2+\alpha_3 f_*^3+\cdots \tag{5-2}$$

式（5-2）中，通常只取到频率的三次方，因为与频率的更高次方成正比的负荷所占的比重很小，可以忽略。一般情况下，由于负荷的功率特性中线性成分较大，与频率二次方及以上成正比的负荷所占成分较小，再加上电网的实际频率变化范围很小，因此在实际应用中负荷的频率静态特性常用一条直线近似表示，如图 5-2 所示。

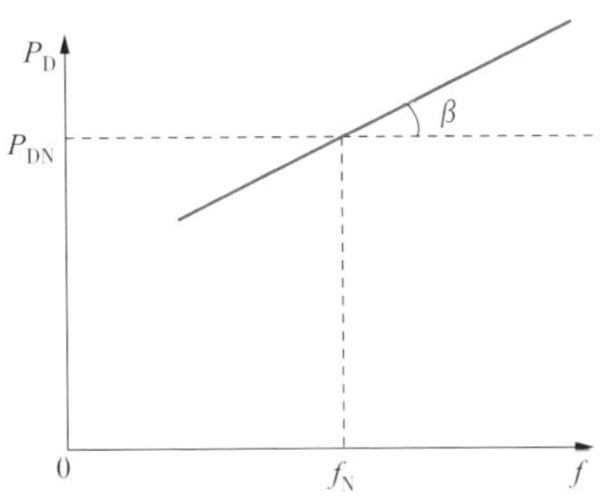

图 5-2 有功负荷的频率静态特性

图 5-2 中直线斜率为

$$K_D = \tan\beta = \frac{\Delta P_D}{\Delta f} \tag{5-3}$$

式中：K_D 称为负荷的频率调节效应系数，简称为负荷的频率调节系数。

K_D 用标幺值表示为

$$K_{D*} = \frac{\Delta P_D / P_{DN}}{\Delta f / f_N} = K_D \frac{f_N}{P_{DN}} \tag{5-4}$$

在实际系统中 K_{D*}=1~3，表示频率变化 1% 时，负荷有功功率相应变化 1%~3%。K_{D*} 的具体数值通常由试验或计算求得。K_{D*} 的数值是调度部门必须掌握的一个数据，是考虑按频率减负荷方案以及低频率事故时切除负荷以恢复频率的计算依据。

5.2.2 发电机的频率静态特性

当系统频率变化时，在发电机组技术条件允许范围内，原动机的调速系统可以自发地改变汽轮机的进气量或水轮机的进水量，从而增减发电机功率，对系统频率进行有差的自动调整。当调速器的调节过程结束，建立新的稳态时，这种反映由频率变化而引起发电机组功率变化的关系，称为发电机调速系统的频率静态特性。

当负荷功率增加时，发电机组输出功率也随之增加，频率低于初始值；反之，如果负荷功率减小，则调速器调整的结果是机组输出功率减小，频率高于初始值。这种调整就是频率的一次调整。反映调速过程结束后发电机输出功率和频率关系的曲线称为发电机频率静态特性，可以近似表示为一条直线，如图 5–3 所示。

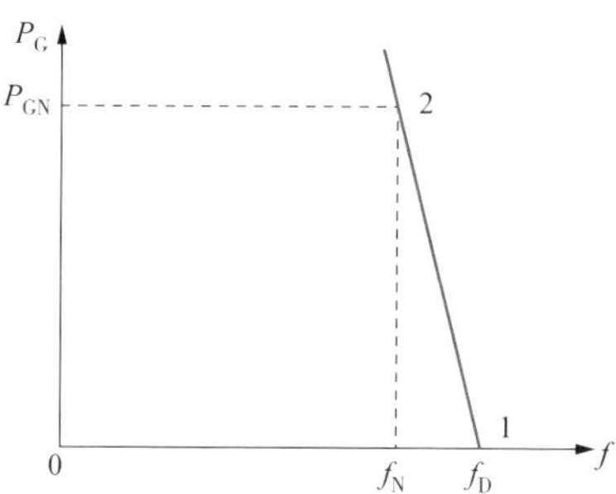

图 5–3 发电机组的频率静态特性

在发电机的频率静态特性上任取两点 1 和 2。定义系统频率增量与引起的发电出力调节量的比值为机组的静态调差系数 δ，简称为调差系数。

$$\delta=-\frac{f_2-f_1}{P_2-P_1}=-\frac{\Delta f}{\Delta P} \qquad (5\text{–}5)$$

其中，因为 δ 习惯取正值，而频率变化量又恰巧与功率变化量的符号相反，因此式（5–5）以负号表示这种关系。

δ 可定量表明某台机组因有功负荷改变时相应的转速（频率）偏移。其以额定参数为基准的标幺值表示为

$$\delta_*=-\frac{\Delta f/f_N}{\Delta P/P_{GN}}=\delta\frac{P_{GN}}{f_N} \qquad (5\text{–}6)$$

如果取点 2 为额定运行点（$P_2=P_{GN}$，$f_2=f_N$），点 1 为空载运行点（$P_1=0$，$f_1=f_0$），可得调差系数为

$$\delta=-\frac{f_N-f_0}{P_{GN}}\text{或}\delta_*=\frac{f_0-f_N}{f_N}$$

定义机组单位调节功率 K_G 为调差系数的倒数，表达式为

$$K_G = \frac{1}{\delta} = -\frac{\Delta P_G}{\Delta f} \tag{5-7}$$

其用标幺值表示为

$$K_{G*} = \frac{1}{\delta_*} = \frac{1}{\delta}\frac{f_N}{P_{GN}} = K_G\frac{f_N}{P_{GN}} \tag{5-8}$$

发电机的调差系数和单位调节功率可以整定。调差系数越小，即单位调节功率越大，频率偏移亦越小。但受机组调速机构的限制，调差系数的调整范围是有限的。通常汽轮发电机组取 $\delta_* = 0.04 \sim 0.06$，$K_{G*} = 25 \sim 16.7$；水轮发电机组取 $\delta_* = 0.02 \sim 0.04$，$K_{G*} = 50 \sim 25$。在运行机组按调差标幺系数进行频率调整，调差系数大的机组承担的负荷增量小，调差系数小的机组承担的负荷增量大。

5.2.3 电力系统的频率静态特性

电力系统负荷变化引起的频率波动，需要同时考虑负荷与发电机两者的调节效应。简单起见，只考虑一台发电机和一个负荷的情况，系统的有功功率—频率静态特性如图 5-4 所示。在初始运行状态下，负荷的功率特性为

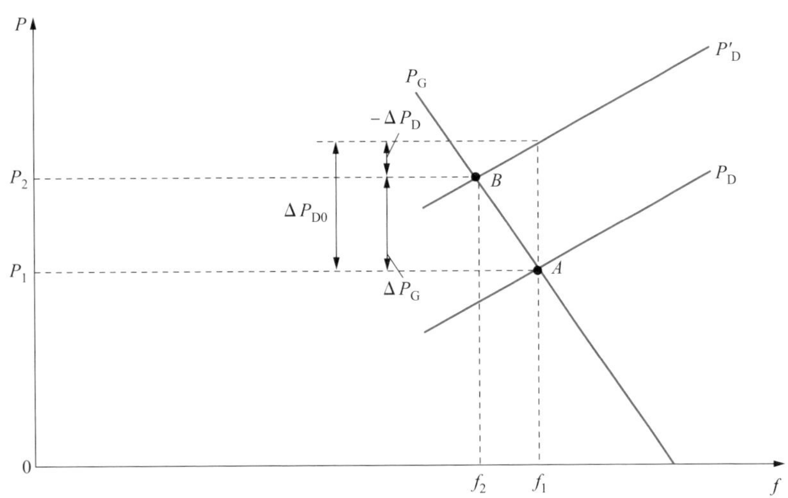

图 5-4 电力系统的有功功率—频率静态特性

P_D，其同发电机静态特性的交点 A 确定了系统的频率为 f_1，发电机的功率（也就是负荷功率）为 P_1。这就是说，在频率为 f_1 时达到了发电机有功出力与系统的有功负荷之间的平衡。

若系统中有功负荷变动，负荷增加了 ΔP_{D0}，其负荷频率特性曲线变为 P'_D，发电机频率特性曲线仍为 P_G。通过频率的一次调节，新的稳态运行点将由曲线 P'_D 和曲线 P_G 交点 B 决定，与此相应的系统频率为 f_2，频率的变化量为 $\Delta f = f_2 - f_1 < 0$。可见，系统负荷增加时，在发电机频率特性和负荷频率特性效应共同作用下又达到了新的功率平衡：一方面，负荷增加，频率下降，发电机按有差调节特性增加输出功率；另一方面，负荷实际取用的功率也因频率的下降而有所减小。因此，有功出力与有功负荷共同调节系统频率，称为系统的频率静态特性，其静态调节系数为 $K=K_D+K_G=-\Delta P_{D0}/\Delta f$。

如果在初始运行状态下，发电机组已经满载运行，发电机的静态特性系数 $K_G = 0$。当系统的负荷再增加时，发电机已经没有调节的容量，不能再增加出力，只能靠频率下降后负荷本身的调节效应来取得新的平衡。这时 $K=K_D$，由于 K_D 相对于 K_G 的数值很小，负荷增加所引起的频率下降将更加严重。因此，系统中有功功率电源的出力不仅应满足在额定频率下系统对有功功率的需求，还应该有一定的备用容量。

【例 5-1】某电力系统总负荷为 10000MW，$K_{D*}=2$，正常运行时系统频率为 50Hz，所有发电机均满载运行。如果电力系统在发生事故后失去 400MW 的电源功率，不考虑低频减载动作，求系统的频率下降到多少？

解：
$$\Delta f\%=\Delta P\%/K_{D*}=0.04/2=0.02$$

则系统频率下降为

$$f=50-50\times0.02=49\text{（Hz）}$$

电力系统的频率调整

5.3.1 电力系统频率调整的要求

电力系统运行时，必须要保持频率偏移在允许范围之内，若超出相关规定或标准的范围值，将对电力系统的电能质量造成严重的影响。

1. 电力系统低频运行的影响

电力系统低频运行是非常危险的，因为电源与负荷在低频率下重新平衡很不稳定，也就是说稳定性很差，甚至产生频率崩溃，会严重威胁电网的安全运行，并对发电设备和用户造成严重影响。其主要表现为以下几个方面：

（1）引起汽轮机叶片断裂。在运行中，汽轮机叶片由于受到不均匀气流冲击而发生振动。在正常频率运行情况下，汽轮机叶片不发生共振。当低频率运行时，末级叶片可能发生共振或接近于共振，从而使叶片振动应力大大增加，如时间过长，叶片可能损伤甚至断裂。

（2）使发电机出力降低。频率降低，转速下降，发电机两端的风扇鼓进的风量减小，冷却条件变坏，如果仍维持出力不变，则发电机的温度升高，可能超过绝缘材料的温度允许值，为了使温升不超过允许值，势必要降低发电机出力。

（3）使发电机端电压下降。频率下降会引起机内电动势下降，进而导致电压降低。同时，由于频率降低，使发电机转速降低，同轴励磁电流减小，使发电机的机端电压进一步下降。

（4）对厂用电安全运行产生影响。低频运行时，所有厂用交流电动机的转速都相应地下降，因而火电厂的给水泵、风机、磨煤机等辅助设备的出力也将下降，从而影响电厂的出力，使电网有功电源更加缺乏，频率进一步下降，造成恶性循环。

（5）对电力设备的运行产生危害。频率下降，将引起电钟不准，增大电气测量仪器误差，导致自动装置及继电保护误动作等。

（6）给用户生产活动带来危害。频率下降，将使用户的电动机转速下降，出力降低，从而影响用户产品的质量和产量。

2. 电力系统高频运行时的影响

电力系统高频率运行时，将使各种异步电动机转速升高，转子的离心力增大，容易损坏转子部件。频率过高，还会出现失步问题，有可能使汽轮机某几级叶片接近或陷入共振区，造成应力显著增加而导致疲劳断裂。

根据中华人民共和国颁发的GB/T 15945—2008《电能质量 电力系统频率允许偏差》规定：我国电网频率正常为50Hz，对电网容量在3000MW及以上者，偏差不超过 ±0.2Hz；对电网容量在3000MW以下者，偏差不超过 ±0.5Hz。实现电力系统在额定频率下的有功功率平衡，并留有必要的备用容量，是保证频率质量的基本前提。

5.3.2 有功功率平衡和备用容量

电力系统中所有发电厂发出有功功率的总和在任何时刻都是与系统总负荷相平衡的，即

$$P_{G}-P_{D}=P_{G}-\left(P_{LD\Sigma}+P_{S\Sigma}+P_{L}\right)=0 \tag{5-9}$$

式中：P_G 为各发电厂发出有功功率的总和；P_D 为系统总负荷，包括用户的有功负荷 $P_{LD\Sigma}$、厂用电有功负荷 $P_{S\Sigma}$ 和网络的有功损耗 P_L。

为保证安全和优质的供电，电力系统的有功功率平衡必须在额定运行参数下确立，而且还应有一定的备用容量。

电网备用容量是指电网为在设备检修、事故、调频等情况下仍能保证电力供应而设的备用容量。电网中电源容量大于发电负荷的部分成为电网电源

备用容量。只有有了备用容量，电网在各种情况下（如负荷预测偏差、大机组跳闸、电网事故等），才能及时调整电网频率，保证电能质量和电网安全、稳定运行，保证对用户的可靠供电，也才有可能按最优化准则在各发电机组间进行有功功率的经济分配。

电网调频前，应该根据日负荷计划，按预计负荷的增长和各个电厂计划出力变更的情况，预留出足够的调频备用容量。在负荷增长时期，主要预留上调空间；在负荷下降期间，主要预留下降空间。在电力电量平衡时，不仅应考虑整个系统的电源与负荷的平衡，也应当考虑各地区的电源与负荷的平衡以及联络线上输电功率的变化、电网稳定限制。当可调容量不够时，应当修改电厂出力、开停机组，保留足够的可调容量。

备用容量作用不同，可分为负荷备用、事故备用、检修备用、国民经济备用；按存在形式不同，可分为旋转备用（也称热备用）和冷备用。电网备用容量的分类及其分析见表 5-1。

表 5-1　电网备用容量的分类及其分析

类别		含义	备用水平
作用分类	负荷备用	为满足电网中短时负荷波动和计划外的负荷增加而设置的备用容量	一般为最大发电负荷的 2%~5%，低值适用于大电网，高值适用于小系统
	检修备用	为保证发电设备定期检修不影响电网正常供电而需专门的备用容量	一般宜为最大发电负荷的 8%~15%
	事故备用	当运行中部分机组因异常或事故而强迫停运时，为了保证在规定的时间内不间断地向用户供电，需要设置备用容量	一般为最大发电负荷的 10% 左右，但不小于电网中一台最大机组的容量
	国民经济备用	考虑电力工业的超前性和负荷超计划增长而设置的备用	一般为最大发电负荷的 3%~5%
形式分类	旋转备用	运转中的发电设备可能发出的最大功率与系统发电负荷之差	—
	冷备用	系统中未运转的，但能随时启动的发电设备可能发出的最大功率	—

5.3.3 电网频率调整的分类

1. 一次调频

电网的一次调频是指由发电机组调速系统的频率特性所固有的能力，是随频率变化而自动进行调整频率的有差调节过程。当频率偏离额定值时，将引起装在发电机大轴上汽轮机调速器转速感应机构的状态改变，汽门或导水叶的开度随之发生变化，在不改变调速器变速机构位置的情况下，按机组的调差系数调整发电机的有功功率。

例如，n 台装有调速器的机组并联运行。可根据各机组的调差系数和单位调节功率算出其等值调差系数 δ（δ_*），或算出等值单位调节功率 K_G（K_{G*}）。

当系统频率变动 Δf 时，第 i 台机组输出功率增量为

$$\Delta P_{Gi}=-K_{Gi}\Delta f,\ i=1,\ 2,\ \cdots,\ n \tag{5-10}$$

n 台机组输出功率总增量为

$$\Delta P_G=\sum_{i=1}^{n}\Delta P_{Gi}=-\sum_{i=1}^{n}K_{Gi}\Delta f=-K_G\Delta f \tag{5-11}$$

n 台机组等值单位调节功率 K_G 为

$$K_G=\sum_{i=1}^{n}K_{Gi}=\sum_{i=1}^{n}K_{Gi*}\frac{P_{GiN}}{f_N} \tag{5-12}$$

n 台机组的等值单位调节功率远大于一台机组的单位调节功率。在输出功率 ΔP_G 变动值相同的条件下，多台机组并列运行时的频率变化比一台机组运行时的要小得多。

用一台等值机来代表，得等值单位调节功率的标幺值为

$$K_{G*}=\frac{\sum_{i=1}^{n}K_{Gi*}P_{GiN}}{P_{GN}} \tag{5-13}$$

等值调差系数为

$$\delta_*=\frac{1}{K_{G*}}=\frac{P_{GN}}{\sum_{i=1}^{n}\frac{P_{GiN}}{\delta_{i*}}} \tag{5-14}$$

求出等值调差系数和等值单位调节功率后，就可像一台机组时一样来分析频率的一次调整。先计算负荷功率初始变化量 ΔP_{D0} 引起的频率偏差 Δf，再计算各台机组所承担的功率增量，即

$$\Delta P_{Gi} = -K_{Gi}\Delta f = -\frac{1}{\delta_*}\Delta f = -\frac{\Delta f}{\delta_{i*}}\frac{P_{GiN}}{f_N} \tag{5-15}$$

或

$$\frac{\Delta P_{Gi}}{P_{GiN}} = \frac{\Delta f_*}{\delta_{i*}} \tag{5-16}$$

可见，当频率变化时，调差系数越小的机组增加的有功出力（相对于本身的额定值）就越多。

2. 二次调频

当电网负荷或发电机出力发生较大变化时，一次调频不能恢复频率至规定范围，即偏差值 Δf 超过电网的频率允许值。此时，必须采用手动或自动调节装置发电机组的同步器，使负荷变化引起的频率偏移保持在允许的偏差范围内，这种调频方式称为二次调频。二次调频一般是通过人工或自动调节装置改变同步器变速机构位置，使汽门或导水叶的开度变化，达到调整发电机有功出力，恢复频率至额定值的目的。

如图 5-5 所示，二次调频由发电机组的同步器来实现。当机组负荷增加引起转速下降时，同步器使原来的频率静态特性 2 平行右移为特性 1；反之，如果机组负荷降低使转速升高，则平行左移为特性 3。当机组负荷变动引起频率变化时，利用同步器平行移动机组频率静特性来调节系统频率和分配机组间的有功功率，这就是频率的二次调整，也就是通常所说的频率调整。

如图 5-6 所示，若系统中只有一台发电机向负荷供电，原始运行点为两条特性曲线 P_G 和 P_D 的交点 A，系统的频率为 f_1。系统的负荷增加 ΔP_{D0} 后，在还未进行二次调整时，运行点将移到 B 点，系统频率下降到 f_2。在同步器的作用下，即通过二次调频，使机组的静态特性上移，系统运行点转移到 C 点，系统频率恢复至扰动前的 f_1，实现了系统频率的无差调节。

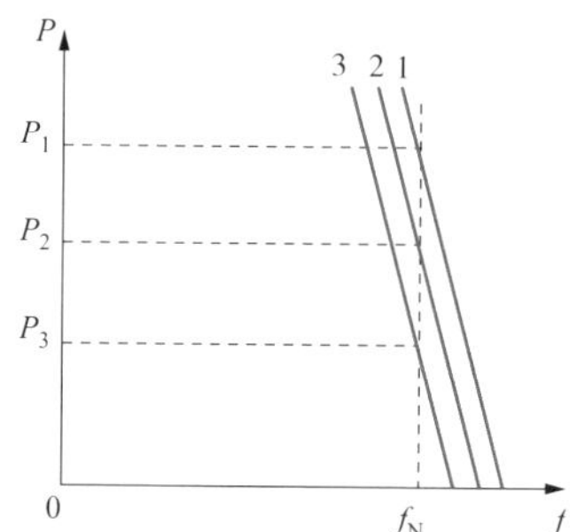

图 5–5　频率静态特性的平移

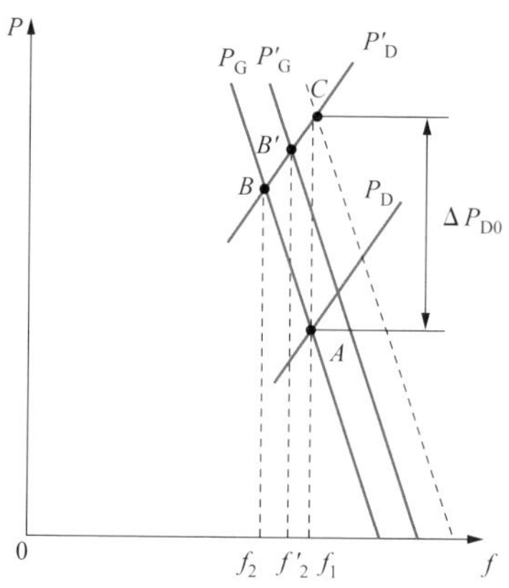

图 5–6　频率的二次调整

3. 三次调频

除此之外，电力系统还进行三次调频。三次调频是为了使负荷分配得经济合理，以达到运行成本最小的目标，按最优化准则将区域所需的有功功率分配于受控机组的调频方式。要实现三次调频，应由调度部门根据负荷曲线进行最优分配，责成各发电厂按事先给定的负荷发电。为实现三次调频，调度部门应做好每日负荷预测、发电预测和受电计划，并根据发用电情况，做好日前的电力电量平衡工作。为确保发用电平衡，需要做以下几个方面的工作：①加强机组运行检修管理，确保网内发电机组的稳发、满发、可调；②优化发电机组检修安排，满足检修高峰期间的负荷需求；③敦促电厂做好燃煤库存，落实燃气、燃油供应，满足天然气机组顶峰发电和电网调峰需求；

④加强与气象部门的沟通，做好负荷预测工作；⑤落实受电计划，优化受电曲线，确保电网旋转备用要求；⑥加结合电网运行情况，深化落实需求侧管理，确保安全有序用电。

5.3.4 互联系统的频率调整

系统 A 和 B 通过联络线组成互联系统，如图 5–7 所示。

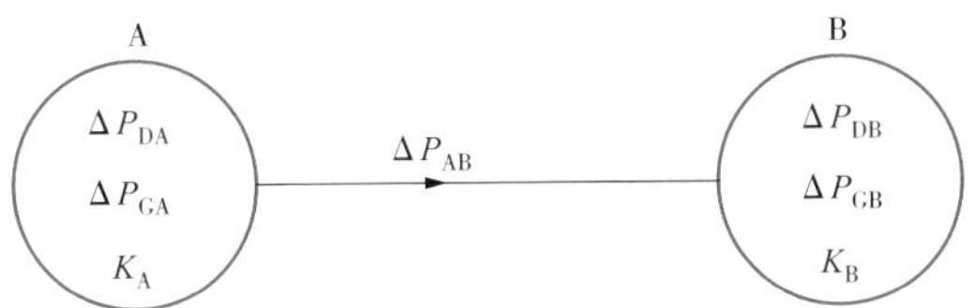

图 5–7 互联系统的功率交换

对系统 A 有

$$\Delta P_{DA}+\Delta P_{AB}-\Delta P_{GA}=-K_{A}\Delta f_{A} \tag{5–17}$$

对系统 B 有

$$\Delta P_{DB}-\Delta P_{AB}-\Delta P_{GB}=-K_{B}\Delta f_{B} \tag{5–18}$$

互联系统应有相同的频率，因此$\Delta f_{A}=\Delta f_{B}=\Delta f$。

综上，可解得 Δf 为

$$\Delta f=-\frac{\left(\Delta P_{DA}+\Delta P_{DB}\right)-\left(\Delta P_{GA}+\Delta P_{GB}\right)}{K_{A}+K_{B}}=-\frac{\Delta P_{D}-\Delta P_{G}}{K} \tag{5–19}$$

$$\Delta P_{AB}=\frac{K_{A}\left(\Delta P_{DB}-\Delta P_{GB}\right)-K_{B}\left(\Delta P_{DA}-\Delta P_{GA}\right)}{K_{A}+K_{B}} \tag{5–20}$$

可见，若互联系统发电功率的二次调整增量 ΔP_{G} 能同全系统负荷增量 ΔP_{D} 相平衡，则可实现无差调节，Δf=0，否则将出现频率偏差。

当 A、B 两系统都进行二次调整，而且两系统的功率缺额又恰同其单位调节功率成比例，即满足

$$\frac{\Delta P_{DA}-\Delta P_{GA}}{K_{A}}=\frac{\Delta P_{DB}-\Delta P_{GB}}{K_{B}} \tag{5–21}$$

此时，联络线上的交换功率增量 ΔP_{AB} 便等于零。如果没有功率缺额，则 Δf=0。

若对其中一个系统（如系统 B）不进行二次调整，则 ΔP_{GB}=0，ΔP_{DB} 将由系统 A 的二次调整承担，此时

$$\Delta P_{AB}=\frac{K_A\Delta P_{DB}-K_B\left(\Delta P_{DA}-\Delta P_{GA}\right)}{K_A+K_B}=\Delta P_{DB}-\frac{K_B\left(\Delta P_D-\Delta P_{GA}\right)}{K_A+K_B} \tag{5-22}$$

当互联系统的功率能平衡时，$\Delta P_D-\Delta P_{GA}=0$，于是有

$$\Delta P_{AB}=\Delta P_{DB} \tag{5-23}$$

系统 B 的负荷增量全由联络线的功率增量来平衡，这时联络线的功率增量最大。

【例 5-2】某省网高峰发电负荷为 15000MW，最大单机容量为 600MW，某日最大可调出力为 16500MW，一台 600MW 火电机组因爆管事故停机，试回答此时备用容量是否足够？如果此时第二台 600MW 火电机组事故停运，备用容量是否足够？

解：当一台容量 600MW 机组停运后，该电网可调出力仍有 15900MW，备用容量达到 900MW，符合要求；当第二台 600MW 机组事故停运，其可调出力仅为 15300MW，备用容量为 300MW，小于最大可调出力的 2%，备用容量不足。

【例 5-3】某系统装机容量为 5000MW，额定运行频率为 50Hz，机组平均功频静态特性系数 K_{G*}=10，负荷频率调节效应系数 K_{L*}=2，若一台 300MW 机组突然跳闸，求系统一次调频后的频率为多少？

解：发电机等值单位调节功率

$$K_G=K_{G*}\frac{P_{GN}}{f_N}=10\times\frac{5000}{50}=1000\left(\text{MW/Hz}\right)$$

负荷等值单位调节功率

$$K_L=K_{L*}\frac{P_{LN}}{f_N}=2\times\frac{5000}{50}=200\left(\text{MW/Hz}\right)$$

系统等值单位调节功率

$$K_S=K_L+K_G=1000+200=1200(\text{MW/Hz})$$

频率偏移

$$\Delta f=-\frac{P_{L0}}{K_S}=-\frac{300}{1200}=-0.25(\text{Hz})$$

因此，一次调频后系统频率为 50–0.25=49.75（Hz）。

电网频率调整的应用系统

随着电网的发展，仅仅依靠调频电厂很难适应电网频率的调整要求，即使在同一时间内多个电厂参与调频，由于所需信息分散难以综合考虑优化控制，无法全面完成调整功率分配。另外，随着特高压交直流工程的不断投产运行，中国的能源禀赋将在全国范围内优化配置，但也增加了频率崩溃的可能性。为了确保电网频率在允许范围内，必须有更精准有效的频率控制策略和手段。

5.4.1 自动发电控制系统

1. 自动发电控制系统简介

由于发电机组一次调节实行的是频率有差调节，为了实现频率的无差调整（即频率二次调节），需要通过控制调速系统的同步发电机，以改变发电机调差特性曲线的位置。随着科学技术的不断进步，当前发电机组已普遍采用了协调控制系统，由自动控制来代替人工进行调速系统的控制。在现代电力系统中，各控制区则采用计算机的集中控制，这就是电力系统频率的自动二次调节，即自动发电控制（Automatic Generation Control，AGC）。因此，AGC作为二次调频中的自动调频方式，通过装在电厂和调控中心的自动控制装置自动随频率变化增减发电出力，保持频率较小波动。

AGC 作为电力系统三大自动控制方式（自动稳定控制、自动发电控制、自动电压控制）之一，是现代电网运行控制的一项基本功能。AGC 的基本目的是通过调整被选定的发电机的输出，使频率恢复到指定的正常值以及保证控制区域之间的功率交换为给定值，常称为负荷—频率控制（LFC）。AGC 的另一目的是在发电机组之间分配所需的发电量变化以使得运行费用最小。

AGC 系统由主站控制系统、信息传输系统和电厂控制系统等组成，其结构如图 5-8 所示。AGC 系统的主站控制系统是 AGC 系统的中枢大脑，也是能量管理系统（EMS）的重要组成部分，主要由主站计算机系统、能量管理软件系统和自动发电控制应用软件构成，实现对电力系统频率的监视和控制工作。信息传输系统用于传输自动发电控制主站系统计算所需的信息，以及主站系统发送给电厂的控制指令。电厂控制系统用于接收控制信号，以及控制发电机组调整发电功率。

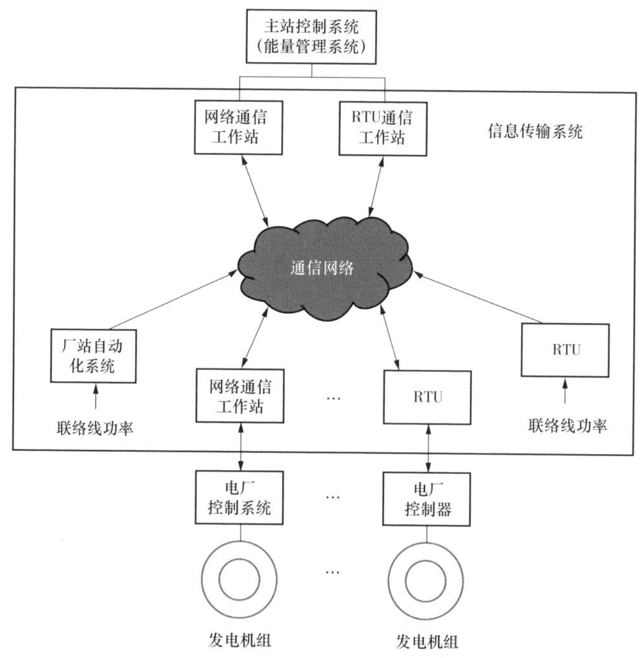

图 5-8 AGC 系统结构图

AGC 根据电网调控中心的控制目标将指令发送给有关发电厂或机组，通过电厂或机组的自动控制调节装置，实现对发电机功率的自动控制。AGC 有三种控制策略：①定频率控制模式；②定联络线功率控制模式；③频率与联络线偏差控制模式。

AGC 的主要功能如下：

（1）调整全网电力供需静态平衡，保持电网频率在 ±0.1Hz 正常范围内运行；

（2）在互联电网中，按联络线功率偏差控制，使联络线交换功率在计划值允许偏差范围内波动；

（3）在安全运行前提下，对所辖电网范围内的机组间负荷进行经济分配，从而作为最优潮流和安全约束、经济调度的执行环节。

2. 调度的电网实时发用电平衡调节控制系统应用

AGC 系统是调度职能部门通过调整区内发电机有功功率，保证电网安全、经济、稳定运行的重要手段之一。正常情况下，机组 AGC 自动控制调节（见图 5–9），基本人工不干预，调度员的主要工作是监视 AGC 机组出力、调节机组上、下限。当电网突发情况时（如负荷偏差、受电突变、机组跳闸、频率异常及电网特殊需要等），需调度员人工调整控制模式，或机组退出 AGC 自动控制，采取口头发令模式。

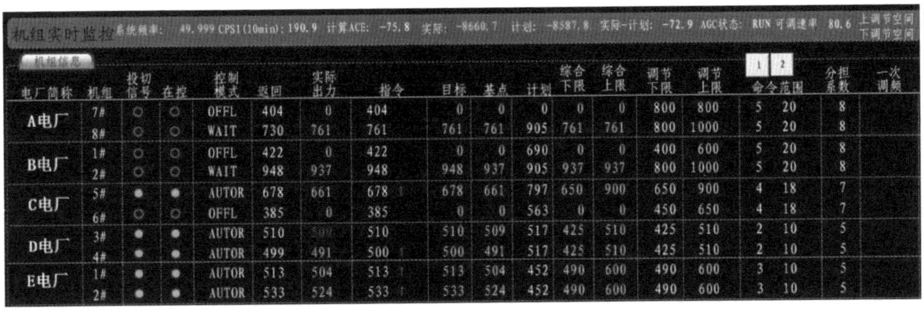

机组实时监控 系统频率：49.999 CPS1(10min)：190.9 计算ACE：-75.8 实际：-8660.7 计划：-8587.8 实际-计划：-72.9 AGC状态：RUN 可调速率 80.6 上调节空间 下调节空间

机组信息

电厂简称	机组	投切信号	在控	控制模式	返回	实际出力	指令	目标	基点	计划	综合下限	综合上限	调节下限	调节上限	命令范围		分担系数	一次调频
A电厂	7#	○	○	OFFL	404	0	404	0	0	0	0	0	800	800	5	20	8	
	8#	○	○	WAIT	730	761	761	761	761	905	761	761	800	1000	5	20	8	
B电厂	1#	○	○	OFFL	422	0	422	0	0	690	0	0	400	600	5	20	8	
	2#	○	○	WAIT	948	937	948	948	937	905	937	937	800	1000	5	20	8	
C电厂	5#	●	●	AUTOR	678	661	678	678	661	797	650	900	650	900	4	18	7	
	6#	○	○	OFFL	385	0	385	0	0	563	0	0	450	650	4	18	7	
D电厂	3#	●	●	AUTOR	510	[illegible]	510	510	509	517	425	510	425	510	2	10	5	
	4#	●	●	AUTOR	499	491	500	500	491	517	425	510	425	510	2	10	5	
E电厂	1#	●	●	AUTOR	513	504	513	513	504	452	490	600	490	600	3	10	5	
	2#	●	●	AUTOR	533	524	533	533	524	452	490	600	490	600	3	10	5	

图 5–9　机组 AGC 系统界面

（1）机组的控制模式。电网 AGC 系统的自动控制是采用电网频率与联络线功率偏差值控制策略，结合“分担系数”给定机组目标出力，机组根据“指令”功率调整出力。机组的控制模式分为自动控制（AUTO）、基点控制（BASE）和计划控制（SCHE）等模式。

AUTO 模式：机组出力是依据频率和联络线功率差，经系统计算后给定值。

BASE 模式：机组出力是依据人工调整设定的“基点”给定值。

SCHE 模式：机组出力是依据日前发电计划曲线，并结合超短期负荷预测，系统计算后自动给定值。

（2）调节上、下限。机组的“调节上、下限”一般为当前机组出力可调节范围，非机组额定容量范围。燃煤机组的可调节范围取决于当前机组的磨煤机开机数量，一定的煤机开机数量对应一定的调节范围。燃气机组的可调节范围一般为固定值。

5.4.2 自动低频减负荷装置

电网发生严重故障时将导致一连串跳闸和区域的解列，形成几个电气孤岛，频率急剧下降超过自动发电控制的调节范围。如果这时的孤立区域发电不足，将会导致频率进一步下降。为了防止孤立区域的低于正常频率的运行情况发生，必须使用切负荷方法去减少所相连的负荷，以利用现有的发电能力安全供电。因此，自动低频减负荷装置的任务就是迅速断开相应数量的用户负荷，使系统的频率在不低于某一允许值的情况下，达到有功功率的平衡，以确保电力系统安全稳定，防止事故扩大。

接至自动低频减负荷装置的总功率，是按照系统最严重的事故的情况来考虑的。切除相当数量的负荷功率，既不能过多又不能过少，只有分批次断开负荷功率，采用逐步修正的办法，才能取得较为满意的结果。

自动低频减负荷装置，是在电力系统发生故障时系统频率下降的过程中，依据频率的不同数值按顺序地切除负荷，也就是将接至低频减负荷装置的总功率分配在不同的启动频率来分批地切除，以适应不同功率缺额的需要。根据启动频率的不同，低频减负荷可以分为若干级，也称为若干轮。目前，在电力系统中，自动低频减负荷装置是用来应对严重功率缺额事故的重要措施之一。

5.4.3 大区域频率协调控制系统

电力系统正常运行时，有功出力与有功负荷处于平衡状态，系统频率保持在一定范围内。在电力系统出现有功缺额时，电网频率会下降。如果没有旋转备用，则频率下降时有功负荷也会按频率静态特性下降，有功出力和有功负荷会在一个较低的频率下达到新的平衡。这就是新的稳定点，有功缺额越大，新的频率稳定点就越低。然而实际上，受发电厂的辅助频率降低的影响，发电机的有功出力会随着频率降低而降低。因此，一旦低于某一临界频率，发电厂的辅助输出功率会显著降低，致使有功缺额更加严重，频率进一步下降，这样的恶性循环使有功出力与有功负荷达不到新的平衡，频率快速下降，直至造成大面积停电，这就是频率崩溃。目前，传统的防止频率崩溃的措施一般是在负荷侧安装自动低频减负荷装置。但是，随着用户对供电可靠性要求的提高，自动低频减负荷装置已不能适应现代电网对用户可靠性的要求。

目前，华东电网已全面启动了电网频率紧急协调控制系统的建设工作。该系统是集成直流调制、抽水蓄能切泵、快速切除可中断负荷等多项控制措施，可应对功率缺额冲击，提高华东电网整体频率稳定水平的重要安全稳定控制系统。当单回或多回跨区直流电同时或相继失去，给电网带来功率缺额冲击时，按预先制定的控制策略，优先进行多直流功率紧急提升控制，直流控制容量不足时再采取抽蓄切泵控制，最后采取快速切除可切负荷控制措施。

华东电网频率紧急协调控制系统按照分层控制架构建设。该系统的结构为：主站侧配置协控总站，负责全系统运行和动作信息汇集、总体控制决策和各项控制措施间的优化协调；主站侧配置直流协调控制主站（以下简称直流主站），各直流站配置子站（以下简称直流子站），负责直流运行信息汇集，直流失去事件监视、直流提升决策的优化协调执行；主站侧配置抽蓄切泵控制主站（以下简称抽蓄主站），各抽蓄电厂配置子站（以下简称抽蓄子站），负责抽蓄电厂运行信息汇集、切泵控制措施的协调和执行；根据负荷分布，在全网分片建设若干快速切负荷系统，包括切负荷控制中心站、切负荷控制子站和用户侧执行站，负责可切负荷信息的汇集和快速切负荷控制措施的协调和执行。

上海电网精准负荷控制系统作为华东频率协控系统的子系统，接受华东频率协控系统的切负荷命令，目标实现毫秒级精准负荷控制功能，以进一步强化了上海乃至华东电网频率控制能力及负荷控制的有序性。

上海电网精准负荷控制系统由调度主站、控制主站、控制子站、控制终端、通信通道（含用户就近变电站通信接口装置）和终端信息管理系统构成。调度主站部署于上海市调，基于智能电网调度控制系统基础 D5000 平台，实现精准负荷控制系统装置在线监视和运行管理，控制终端在线监视，系统动作及异常监视，历史存储和系统运行分析。控制主站通过采集两段 220kV 母线三相电压来计算并监测频率，主要功能是接收华东协控总站切负荷容量命令，结合本站频率防误判据切除本地区负荷，同时将装置信息上送至上海市调度主站。控制子站通过采集两段 220kV 母线电压来计算并监测频率，主要功能是将本站所辖终端负荷分三层级上送至控制主站，接收控制主站切负荷层级命令，结合本站频率防误判据，切除对应层级负荷。

【例 5–4】如图 5–10 所示，某电网的局部电网与主网通过 3 回线路联系。现 3 回线通道有灾害性天气事件发生，导致 3 回线同时跳闸，局部电网与主网解列。由于事故前局部电网向主网受电，导致局部电网频率低至 49.3Hz，事故后主网调度通知当地电网调度负责处理。试简述当地调度员可采取哪些

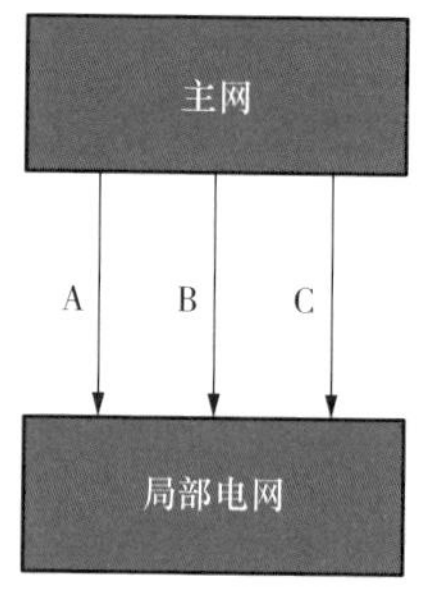

图 5–10 ［例 5–4］图

措施。

答：当地调度员可采取如下措施：

（1）立即下令增加网内电厂出力直至最大；

（2）开出备用发电机组并增加出力直至最大；

（3）按超供电能力限电序位表限电。

电网频率恢复至49.90Hz，当地调度员向主网调度员申请小地区与主网同期并列。同期并列成功后，地区电网恢复正常运行，通知发电机组停机，并恢复限电负荷。

小结

频率是衡量电能质量的重要指标之一。本章介绍了调频的必要性和目标，分析了频率和有功之间的密切关系。系统必须具有充足的有功，实现在额定频率水平上的有功平衡并有一定的储备，再采用适当的调整方法，就可将频率偏差控制在允许范围内，从而保证电能的频率质量，满足用户的频率要求。

负荷变化将引起频率偏移，系统中凡装有调速器且有可调容量的发电机组都将自动参与频率调整，这就是频率的一次调频。只能进行有差调节。频率的二次调整由主调频厂承担，调频机组通过调速器移动机组的功率频率静特性，改变机组的有功输出以承担系统的负荷变化，可以进行无差调节。除此之外，电力系统应有足够的备用容量，具有能适应负荷变化，调整功率时还应符合安全和经济的原则。

电力系统应时刻保持有功功率的平衡，因此要保持频率不变成为电网调度部门重要任务之一。为了保持系统的频率不变，电网调度部门一般通过AGC进行频率调整。除此之外，为了防止频率崩溃，电网调度门还通过低频减负荷装置、大区域频率协调控制系统等安全稳定措施进行控制，从而保证系统的频率在合理范围内。

习题与思考题

5-1 某电力系统中，与频率无关的负荷占30%，与频率一次方成正比的负荷占40%，与频率二次方成正比的负荷占10%，与频率三次方成正比的负荷占20%。求系统频率由50Hz降到48Hz时，相应的负荷变化百分值。

5-2 电力系统电压特性与频率特性的区别是什么?

5-3 简述电网一次调频、二次调频和三次调频的含义。

5-4 如图5-11所示，Ⅰ为负荷有功—频率特性曲线，Ⅱ为发电机有功—频率特性曲线。系统原始运行点为O点，对应功率P_0、频率f_0。(1)现负荷增加ΔP_L，试在图中画出经一次调频后系统对应的频率f_1、功率P_1。(2)在一次调频的基础上进行二次调频，操作调频器使发电机增发ΔP_G，试画出经二次调频后系统对应的频率f_2、功率P_2。

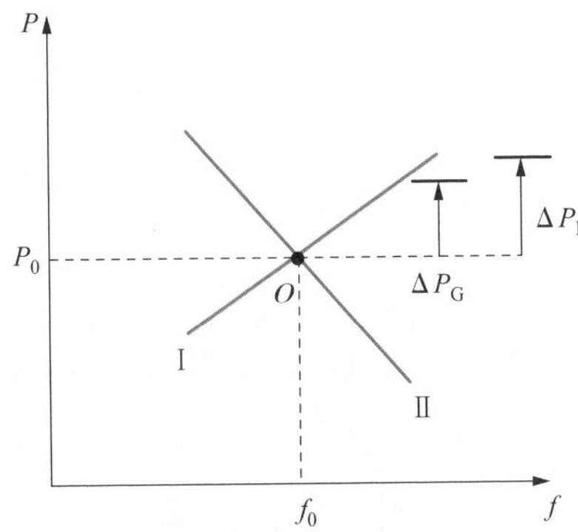

图5-11 题图

5-5 请作图说明什么是频率崩溃。

5-6 简述自动低频减负荷装置的概念和作用。

5-7 已知一个系统装机容量为 2000MW，机组的平均静态调节效应系数 K_G=20，负荷的静态调节效应系数 K_D=2，现机组全部满发，突然增加 100MW 负荷，此时系统频率为多少？最少切除多少负荷才能使频率达到标准？（结果保留两位小数）

第6章　CHAPTER SIX

06

电力系统短路和短路电流计算

短路是电力系统中最常见的、会对电力系统运行产生严重影响的故障。短路故障将使系统电压降低，威胁电力系统的稳定运行和损坏电气设备。本章主要介绍无限大容量供电系统三相短路和常见的不对称短路电流实用计算，并通过实际案例介绍限制短路电流的方法。

6.1 短路的基本概念

6.1.1 短路的定义和种类

导致电力系统不能正常运行的故障，大多是短路故障。所谓短路，是指电力系统正常运行之外的一切相与相之间，或中性点直接接地系统的相与地之间发生通路的情况。这种短路可能是通过小电抗的回路，或者是由电弧形成。

电力系统短路故障与电力系统中性点接地方式有很大关系。电力系统的中性点指发电机和星形接线变压器的中性点。电力系统中性点接地方式是指电力系统中的变压器和发电机的中性点与大地之间的连接方式。电力系统中性点的接地方式主要分为直接接地（直接接地、经低阻抗接地）和非直接接地（不接地、经高阻抗接地、经消弧线圈接地）两类。

目前，经高阻接地方式仅用在发电厂。110kV 及以上电网的中性点均采用中性点直接接地方式，发生单相接地故障时，短路回路中接地短路电流很大，故又称为大电流接地系统。10~35kV 电网广泛采用中性点非直接接地方式。在中性点不接地系统或中性点经消弧线圈接地系统中，当某一相发生接地故障时，由于不能构成短路回路，接地故障电流往往比负荷电流小得多，所以又称为小电流接地系统。

在中性点直接接地系统中，可能发生的短路有三相短路、两相短路、两相接地短路和单相接地短路。各种短路的示意图如图 6-1 所示，图中箭头方向为任意选定的电流流向。在中性点非直接接地系统中，短路故障主要是指各种相间短路，包括不同相的多点接地；在中性点非直接接地系统中，单相接地不会造成短路，仅有不大的接地电流流过接地点，系统仍可以继续运行，故不称其为短路故障（属于一种运行障碍）。

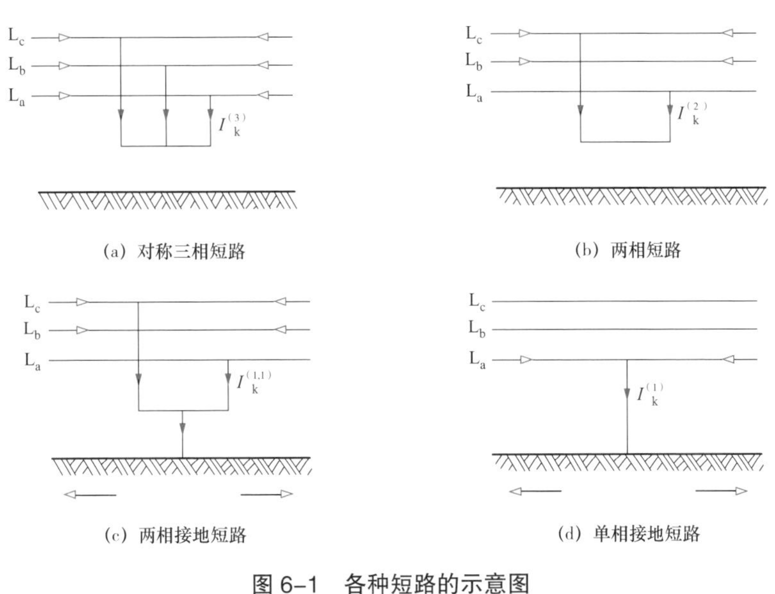

(a) 对称三相短路　(b) 两相短路

(c) 两相接地短路　(d) 单相接地短路

图 6-1　各种短路的示意图

→— 短路电流；—▷— 在导体和地中的支路短路电流

三相短路时，三相的短路电流较正常时大幅度增大，电压较正常时大幅度降低，但是因为短路回路各相的阻抗相等，且三相分量仍是对称的，故又称为对称短路。除三相短路外，在发生其他类型短路时各相电流、电压数值不相等，其相角也不相同，这些短路称为不对称短路。运行经验表明，在中性点直接接地系统中，在各种类型的短路故障中单相接地短路占大多数，三相短路的概率最小，但情况最严重。

6.1.2 短路的危害

电力系统发生短路后，由于电源供电回路阻抗减小，因此将产生比正常运行电流大许多倍的短路电流，会对电力系统及其用电设备造成很大危害。短路电流的危害包括以下几个方面：

（1）短路故障使短路点附近的支路中出现比正常值大许多倍的电流，由于短路电流的电动力效应，导体间将产生很大的机械应力，可能使导体和它们的支架遭到破坏。

（2）短路电流使设备发热增加，短路持续时间较长时，设备可能过热以致损坏。

（3）短路时系统电压大幅度下降，将导致用电设备无法正常工作，如异步电动机转速下降，甚至停转。

（4）当短路发生地点离电源不远而持续时间又较长时，并列运行的发电厂可能失去同步，破坏系统稳定，造成大片地区停电。这是短路故障的最严重后果。

（5）不对称短路时系统中将流过不平衡电流，其能产生足够的磁通在邻近的电路内感应出很大的电动势，这对于架设在高压电力线路附近的通信产生干扰。

（6）在某些不对称短路情况下，非故障相的电压将超过额定值，引起过电压，从而加大了系统的过电压水平。

6.1.3 无限大容量电源供电系统三相短路暂态过程分析

无限大容量电源是一种理想电源，其具有两个特点：一是电源提供的功率可看作是无穷大，即使在短路中引起的功率急剧变化也不引起系统频率的变化，即系统频率恒定；二是电源的内阻抗为零，即相当于一恒压源，在短路时电源内部没有过渡过程。无限大容量系统的容量记作 $S=\infty$，电源的内阻抗 $Z=0$。以图 6-2 所示电路为例，讨论无限大容量电源供电的电路内发生三相短路时短路电流的变化规律。

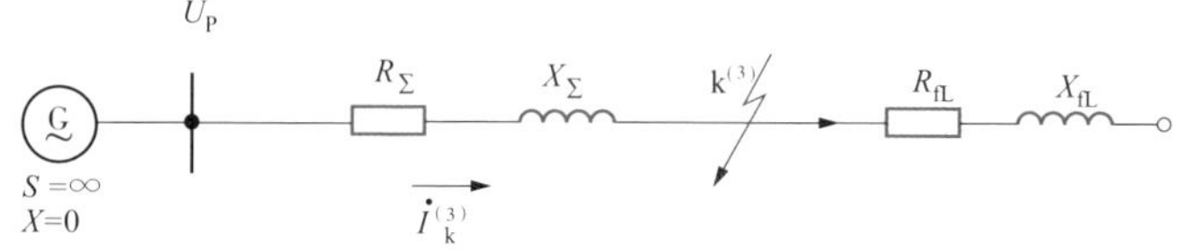

图 6-2 无限大容量电源供电的电路三相短路

图 6–2 中无限大容量电源的母线电压为平均额定电压 U_p，在短路过程中保持恒定不变，R_Σ 和 X_Σ 为电源至短路点间各元件的总电阻和总电抗，R_{fL} 和 X_{fL} 为负荷的电阻和电抗。

正常运行时，电路中的电流决定于电源母线电压 U_p、阻抗 Z_Σ 与 Z_{fL} 之和。当 $k^{(3)}$ 点突然发生三相短路故障时，整个电路被短路点分割为两个独立的回路。右侧回路没有电源，通过短路点构成短路回路，相当于 RL 串联电路换路时的零输入响应，此回路中电流减到零；左侧回路与电源连接，构成短路回路，相当于 RL 串联电路换路时的全响应情况，电源将向短路点供给短路电流。由于短路回路中的阻抗 Z_Σ 远小于 $Z_\Sigma+Z_{fL}$，电路中又有电感存在，短路回路中正常运行时的工作电流，经过暂态过程逐步过渡到短路电流的稳态值。图 6–3 所示为无限大容量电源供电电路内三相短路电流的变化曲线。因为三相短路是对称性短路，所以可仅讨论一相的情况。图 6–3 所示的短路电

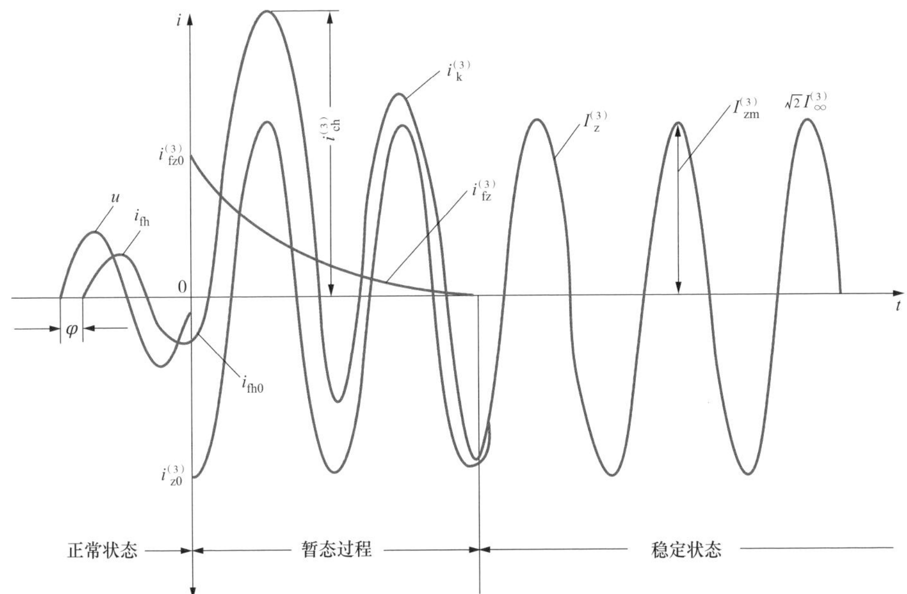

图 6–3　无限大容量电源供电电路内三相短路电流的变化曲线

流变化曲线可假设为 A 相的情况。图中，$i_{fz0}^{(3)}$ 为 t=0 时短路电流非周期分量 $i_{fz}^{(3)}$ 的起始值，$i_{z0}^{(3)}$ 为 t=0 时短路电流周期分量 $i_{z}^{(3)}$ 的起始值，$i_{k}^{(3)}$ 为短路全电流，$i_{z}^{(3)}$ 为短路电流周期分量，$i_{fz}^{(3)}$ 为短路电流非周期分量，I_z 为短路电流周期分量有效值，$i_{ch}^{(3)}$ 为短路冲击电流，i_{fh} 为正常运行电流值。

设在 t=0 时发生短路故障，根据电路理论基础知识可知，正弦交流激励下 RL 串联电路换路时的全响应可分解为两个分量，即稳态分量和暂态分量。稳态分量也称为周期分量，暂态分量也称为非周期分量。短路全电流 $i_{k}^{(3)}$ 为周期分量 $i_{z}^{(3)}$ 与非周期分量 $i_{fz}^{(3)}$ 之和，即

$$i_{k}^{(3)}=i_{z}^{(3)}+i_{fz}^{(3)} \tag{6-1}$$

自短路开始到非周期分量衰减到零为止，为短路电流的暂态过程，此后为稳定状态。由于非周期分量的存在，在暂态过程中短路全电流横轴不对称，并出现瞬时最大冲击短路电流 $i_{ch}^{(3)}$，此电流称为短路冲击电流。

为了方便分析讨论，下文中将表示三相短路的上角标符号“(3)”省略。

1. 周期分量的计算

周期分量即稳态分量，取决于电源母线电压 U_p 和短路回路总电抗 X_Σ（忽略电路的电阻）。母线电压保持不变，则周期分量的有效值为

$$I_z=\frac{U_p}{\sqrt{3}X_\Sigma} \tag{6-2}$$

因为母线电压 U_p 不变，所以在以任一时刻为中心的一个周期内，周期分量的有效值均相等。

目前电网调度部门编制的短路容量表中的短路电流值除特殊说明外，均为短路电流的周期分量有效值 I_z。

2. 非周期分量计算

有电感的电路中发生短路时，短路电流不但存在周期分量，而且为保持电路不发生突变，还存在非周期分量（又称过渡分量或自由分量）。t 秒非周期分量瞬时值可以表示为

$$i_{\mathrm{fzt}}=\sqrt{2}I_{\mathrm{z}}\mathrm{e}^{-\frac{\omega t}{T_{\mathrm{a}}}} \quad (6\text{–}3)$$

式中：T_{a} 为非周期分量的衰减时间常数，决定着非周期分量衰减的快慢。T_{a} 越大，衰减越慢；T_{a} 越小，衰减越快。

3. 短路冲击电流

短路电流可能达到的最大瞬时值称为短路冲击电流，用 i_{ch} 表示。当系统的参数已知时，短路电流周期分量的幅值是一定的，而短路电流的非周期分量是按指数规律单调衰减的直流量。因此，非周期电流的初值越大，暂态过程中短路全电流的瞬时值也就越大。根据图 6–4 的短路电流波形可见，短路电流的最大瞬时值在短路发生后约半个周期出现，若 f=50Hz，即 t=0.01s 时出现短路冲击电流。当 i_{ch} 通过导体和电气设备时，会产生很大的电动力使导体和电气设备遭受损坏。由图 6–4 可知，短路冲击电流为

$$i_{\mathrm{ch}}=\sqrt{2}I_{\mathrm{z}}+\sqrt{2}I_{\mathrm{z}}\mathrm{e}^{-\frac{0.01\omega}{T_{\mathrm{a}}}}=\sqrt{2}I_{\mathrm{z}}\left(1+\mathrm{e}^{-\frac{0.01\omega}{T_{\mathrm{a}}}}\right)=K_{\mathrm{ch}}\sqrt{2}I_{\mathrm{z}} \quad (6\text{–}4)$$

式中：K_{ch} 为冲击系数，表示短路冲击电流为周期分量幅值的倍数。

在由无限大容量电源供电的一般高压电路中，通常取 K_{ch}=1.8，则短路冲击电流为

$$i_{\mathrm{ch}}=1.8\times\sqrt{2}I_{\mathrm{z}}=2.55I_{\mathrm{z}} \quad (6\text{–}5)$$

需要指出，在三相电路中各相电压的相位差为 120°，所以发生三相短路时各相的短路电流周期分量和非周期分量的初始值不同。因此，仅有一相出现 $i_{\mathrm{ch}}=2.55I_{\mathrm{z}}$ 的冲击电流值，其他两相均较此值小。

4. 短路电流的电动力效应与热效应

当电气设备和载流导体在短时间内通过短路电流时，会同时产生电动力和发热两种效应。一方面使电气设备和载流导体受到很大的电动力作用，另一方面使电气设备温度急剧升高，可能损坏电气设备及其绝缘。

一般将电气设备和载流导体能够承受短路电流电动力作用的能力，称为电动力稳定，简称动稳定。动稳定电流通常取极限通过电流，是指电气

设备和载流导体所能耐受的额定短时耐受电流前半个周期的峰值电流。动稳定电流是由电气设备和载流导体机械强度决定的最大短时电流值，三相短路冲击电流不超过此值时，电气设备和载流导体不会因电动力的作用损坏。一般将电气设备或载流导体在短路时，能够承受短路电流发热的能力，称为热稳定度，简称热稳定。热稳定电流是电气设备或载流导体在规定的时间内允许通过的最大电流，表明其能够承受短路电流热效应的能力。

6.1.4 短路容量的概念

实际工作中经常用到短路容量的概念，短路容量即短路功率。电力调度管理部门每年都要对电网的短路容量进行修编。通过每年对电网中设备的短路容量表的修编工作，为电力远景规划、设备选型和实际电网运行提供指导意见。

在短路容量实用计算中，通常只用电流周期分量有效值 I_Z 来计算短路容量。某一点的短路容量等于该点短路电流的周期分量有效值 I_Z 与短路点所在的电网额定电压 U_N 的乘积，即

$$S_k = \sqrt{3} I_z U_N \tag{6-6}$$

式中：S_k 为短路点 k 的短路容量，MVA；I_z 为短路电流的周期分量有效值，kA；U_N 为短路点所在的电网额定电压，kV。

在选择某些电气设备（如断路器）时，常用短路遮断容量的概念。短路遮断容量就是短路电流的周期分量有效值，主要是用来校验开关设备的开断能力。目前，上海电网的断路器，500kV 短路遮断容量为 63kA，220kV 短路遮断容量为 50kA。

6.2 三相短路电流计算

6.2.1 短路电流计算的目的及基本假设

1. 短路电流计算的目的

在电力系统和电气设备的设计和运行中，短路计算是解决一系列技术问题不可缺少的基本计算，这些技术问题主要是：

（1）选择有足够机械稳定度和热稳定度的电气设备（如断路器、互感器、瓷瓶、母线、电缆等）时，必须以短路计算作为依据。

（2）为了合理地配置各种继电保护和自动装置并正确整定其参数，必须对电网中发生的各种短路进行计算和分析。

（3）在设计和选择发电厂和电力系统电气主接线时，为了比较各种不同方案的接线图，确定是否需要采取限制短路电流的措施等，都要进行必要的短路电流计算。

（4）进行电力系统暂态稳定计算，研究短路对用户工作的影响等，也包含有一部分短路计算的内容。

（5）确定输电线路对通信的干扰，对已发生故障进行分析，都必须进行短路计算。

选择电气设备时，只需近似计算出通过所选设备可能的最大三相短路电流值。进行继电保护选择和整定计算以及系统故障分析时，要对各种短路情况下各支路中的电流和各点电压进行计算。对于现代电力系统，实际在运行情况下，要进行极准确的短路计算是相当复杂的；此外，对解决大部分实际工程问题，并不需要极准确的计算结果。因此，为了便于计算，实际中多采用近似计算方法。下面介绍一种建立在一系列基本假设条件基础上的短路电流实用计算方法，虽然计算结果有些误差，但不会超过实际工程计算中的允许范围。

2. 短路电流实用计算的基本假设条件

由于发电机的三相短路过程相当复杂，在进行短路电流的工程计算时，不可能也没有必要作出复杂的分析，所以一般采用实用计算法。该方法的核心思想，正如在无限大容量电源三相短路分析中已经指出，计算短路电流中的关键量，即短路电流周期分量的起始值，即次暂态电流 I''。因此，短路电流的周期分量起始值的计算实质上是一个稳态交流电路的计算问题。短路电流实用计算中，应采用以下假设条件和原则：

（1）系统正常运行时为三相对称运行。

（2）所有电源的电动势相位角相同。

（3）系统中的同步电机和异步电机均为理想电机，不考虑电机磁饱和、磁滞、涡流及导体集肤效应等影响；转子结构完全对称；定子三相绕组空间位置相差 120° 电气角度。

（4）系统中各元件的磁路不饱和，即带铁芯的电气设备电抗值不随电流大小发生变化。

（5）输电线路的电容忽略不计。

（6）变压器的励磁电流忽略不计，相当于励磁阻抗回路开路，这样可以简化变压器的等值电路。

（7）系统中所有发电机电动势的相位在短路过程中都相同，频率与正常工作时相等。

实际上，当发生短路时，由于电路阻抗的突然变化，使发电机输出的电磁功率也随之变化，致使电力系统母线电压下降，短路电流相对变小，故采用实用计算方法得到的短路电流要比实际值大。

6.2.2 元件参数的计算

短路电流计算一般只计及各元件的电抗，主要包括发电机、变压器、电抗器、线路等元件，采用标幺值计算。为了计算方便，通常取基准容量 S_B=100MVA 或 S_B=1000MVA，基准电压 U_B 一般取用各级的平均额定电压，即

$$U_B = U_{av} = 1.05U_N \tag{6-7}$$

式中：U_{av} 为平均额定电压；U_N 为额定电压。

当基准容量 S_B（MVA）与基准电压 U_B（kV）选定后，基准电流 I_B（kA）与基准电抗 X_B（Ω）便已确定。基准电流为

$$I_B = \frac{S_B}{\sqrt{3}U_B}$$

基准电抗为

$$X_B = \frac{U_B}{\sqrt{3}I_B} = \frac{U_B^2}{S_B}$$

常用基准值见表 6–1。

表 6–1　常用基准值（S_B=100MVA）

基准电压 U_B（kV）	3.15	6.3	10.5	37	66	115	230	345	525
基准电流 I_B（kA）	18.33	9.16	5.50	1.56	0.916	0.502	0.251	0.167	0.11
基准电抗 X_B（Ω）	0.0992	0.397	1.10	13.7	39.7	132	529	1190	2756

各元件电抗计算方法如下：

（1）发电机（调相机、电动机）电抗。其计算式为

$$X_d'' = \frac{X_d''\%}{100}\frac{U_B^2}{P_N/\cos\varphi}(\text{有名值}) \tag{6-8}$$

$$X_{d*}'' = \frac{X_d''\%}{100}\frac{S_B}{P_N/\cos\varphi}(\text{标幺值}) \tag{6-9}$$

式中：$X_d''\%$ 为电机次暂态电抗百分比；P_N 为电机额定容量，MW。

（2）双绕组电力变压器电抗。其计算式为

$$X_{d}=\frac{U_{k}\%}{100}\frac{U_{N}^{2}}{S_{N}}(\text{有名值}) \tag{6-10}$$

$$X_{d*}=\frac{U_{k}\%}{100}\frac{S_{B}}{S_{N}}(\text{标幺值}) \tag{6-11}$$

式中：$U_k\%$ 为变压器短路电压百分比；S_N 为最大容量绕组的额定容量，MVA。

（3）三绕组电力变压器（自耦变压器）电抗。三绕组变压器和自耦变压器及等值电路如图 6-4 所示。各绕组间的短路电压百分值分别用 $U_{k(\text{I-II})}\%$、$U_{k(\text{II-III})}\%$、$U_{k(\text{I-III})}\%$ 表示，下标 Ⅰ、Ⅱ、Ⅲ分别表示高压、中压、低压。

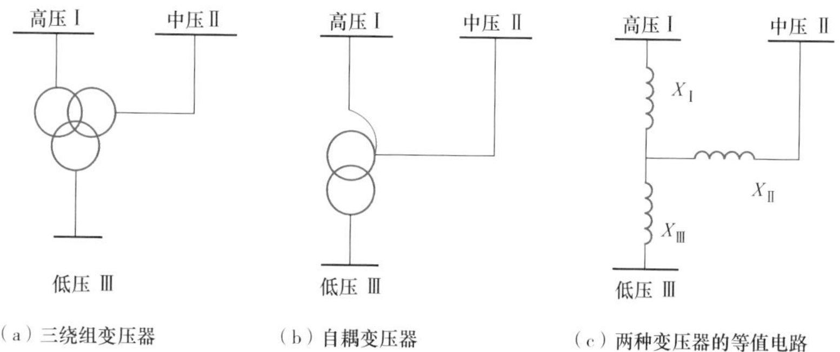

（a）三绕组变压器　（b）自耦变压器　（c）两种变压器的等值电路

图 6-4　三绕组变压器和自耦变压器及等值电路

基准容量为 S_B，则等值电路中各绕组的电抗 X_{I}、X_{II}、X_{III} 的计算式为

$$\left.\begin{aligned}X_{\text{I}}&=\frac{U_{k(\text{I-II})}\%+U_{k(\text{I-III})}\%-U_{k(\text{II-III})}\%}{200}\frac{U_{N}^{2}}{S_{N}}\\X_{\text{II}}&=\frac{U_{k(\text{I-II})}\%+U_{k(\text{II-III})}\%-U_{k(\text{I-III})}\%}{200}\frac{U_{N}^{2}}{S_{N}}\\X_{\text{III}}&=\frac{U_{k(\text{I-III})}\%+U_{k(\text{II-III})}\%-U_{k(\text{I-II})}\%}{200}\frac{U_{N}^{2}}{S_{N}}\end{aligned}\right\}(\text{有名值}) \tag{6-12}$$

$$\left.\begin{aligned} X_{*\mathrm{I}} &= \frac{U_{\mathrm{k(I-II)}}\% + U_{\mathrm{k(I-III)}}\% - U_{\mathrm{k(II-III)}}\%}{200}\frac{S_{\mathrm{B}}}{S_{\mathrm{N}}} \\ X_{*\mathrm{II}} &= \frac{U_{\mathrm{k(I-II)}}\% + U_{\mathrm{k(II-III)}}\% - U_{\mathrm{k(I-III)}}\%}{200}\frac{S_{\mathrm{B}}}{S_{\mathrm{N}}} \\ X_{*\mathrm{III}} &= \frac{U_{\mathrm{k(I-III)}}\% + U_{\mathrm{k(II-III)}}\% - U_{\mathrm{k(I-II)}}\%}{200}\frac{S_{\mathrm{B}}}{S_{\mathrm{N}}} \end{aligned}\right\}(\text{标幺值}) \tag{6-13}$$

式中：S_{N} 为最大容量绕组的额定容量，MVA。

（4）电抗器。电抗器的作用是限制短路电流，等值电路用其电抗表示。产品目录中给出的电抗器电抗百分比 $X_{\mathrm{L}}\%$ 一般为 3%~10%。其计算电抗为

$$X_{\mathrm{L}} = \frac{X_{\mathrm{L}}\%}{100}\frac{U_{\mathrm{N}}}{\sqrt{3}I_{\mathrm{N}}}(\text{有名值}) \tag{6-14}$$

$$X_{*\mathrm{L}} = \frac{X_{\mathrm{L}}\%}{100}\frac{U_{\mathrm{N}}}{\sqrt{3}I_{\mathrm{N}}}\frac{S_{\mathrm{B}}}{U_{\mathrm{B}}^{2}}(\text{标幺值}) \tag{6-15}$$

式中：$X_{\mathrm{L}}\%$ 为电抗器的电抗百分比。

（5）输电线路。其计算电抗为

$$X_{\mathrm{L}} = X_{0}L(\text{有名值}) \tag{6-16}$$

$$X_{*\mathrm{L}} = X_{1}\frac{S_{\mathrm{B}}}{U_{\mathrm{B}}^{2}}(\text{标幺值}) \tag{6-17}$$

式中：X_0 为架空线或电缆的每千米电抗，Ω/km；L 为输电线路长度，km。

架空线和电缆的每千米电抗值见表 6–2。

表 6–2　　架空线和电缆的每千米电抗值（Ω/km）

电压等级（kV）	10	35	63	110	220	330	500
架空线	0.38	0.42	0.42	0.43	0.31（0.44）	0.32	0.30
电缆	0.08	0.12					

注　1. 架空线的正序电抗和负序电抗相等，零序电抗 $X_0 = 3.5X_{\mathrm{L}}$。
2. 括号中为双分裂导线数据。

6.2.3 短路电流周期分量的近似计算

在短路电流的最简化计算中，可以假定短路电路过接到内阻抗为零的恒电动势电源上。因此，短路电流周期分量的幅值不随时间而变化，只有非周期分量是衰减的。

计算时选定基准容量 S_B 和基准电压 $U_B=U_{av}$，算出短路点的输入电抗的标幺值 X_{kk*}，而电源的电动势标幺值取作 1，于是短路电流周期分量的标幺值为

$$I_{z*}=1/X_{kk*} \tag{6-18}$$

有名值为

$$I_z=I_{z*}I_B=I_B/X_{kk*} \tag{6-19}$$

相应的短路容量为

$$S=S_B/X_{kk*} \tag{6-20}$$

这样算出的短路电流或短路容量要比实际的大些，但估算值与实际值之差随短路点距离的增大而迅速地减小。因为短路点越远，电源电压恒定的假设条件就越接近实际情况，尤其是当发电机装有自动励磁调节器时，更是如此。利用这种简化的算法，可以对短路电流（或短路容量）的最大可能值作出近似的估计。

在计算电力系统的某个发电厂或变电站内的短路电流时，往往缺乏整个系统的详细数据。在这种情况下，可以把发电厂或变电站除外的整个系统或其中一部分看作是一个由无限大容量电源供电的网络。

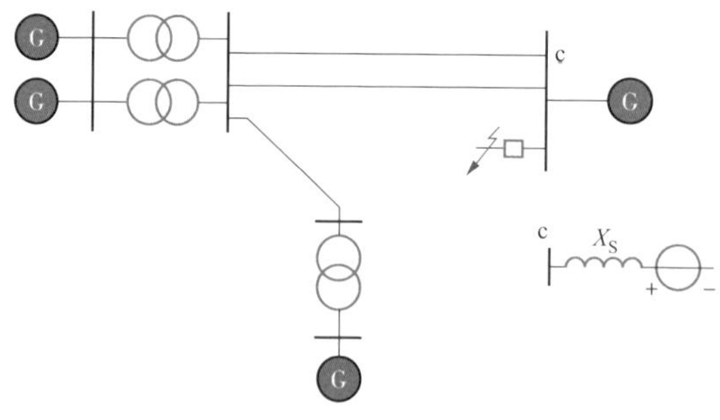

图 6–5　某电力系统接线图

某电力系统如图 6–5 所示，母线 c 以右的部分实际包含有许多发电厂、变电站和线路，可以表示为经一定的电抗 X_S 接于点 c 的无限大容量电源。如果在网络中的母线 c 发生三相短路时，该部分系统提供的短路电流 I_k 或短路功率 S_k 是已知的，则无限大容量电源到母线 c 之间的电抗 X_S 可以利用式（6–19）或式（6–20）推算出来，即

$$X_{S*}=\frac{I_B}{I_S}=\frac{S_B}{S_S} \tag{6–21}$$

式中：I_S 和 S_S 都为有名值；X_{S*} 为以 S_B 为基准容量的电抗标幺值。

如果不知道上述短路电流的数值，可以从与该部分系统连接的变电站装设的断路器遮断切断容量得到极限利用的条件来近似地计算系统的电抗。

在进行三相短路计算时，并未给出电力系统为内阻抗为零的恒电动势电源，而是给定电力系统变电站高压输电线路出口短路容量 S_e，此时，必须通过等值来估算出系统的内阻抗的标幺值，再进行计算。电力系统内阻抗的标幺值计算式为

$$X_x=\frac{U_B^2}{S_e}(有名值) \tag{6–22}$$

$$X_{x*}=\frac{S_B}{S_e}(标幺值) \tag{6–23}$$

式中：U_B 为短路计算点的平均电压（用于计算时的线路电压），kV；S_e 为出口处的短路容量，MVA。

【例 6–1】图 6–6 所示为某简单电力系统，求低压母线三相短路时短路电流周期分量、冲击短路电流及短路容量的有名值。

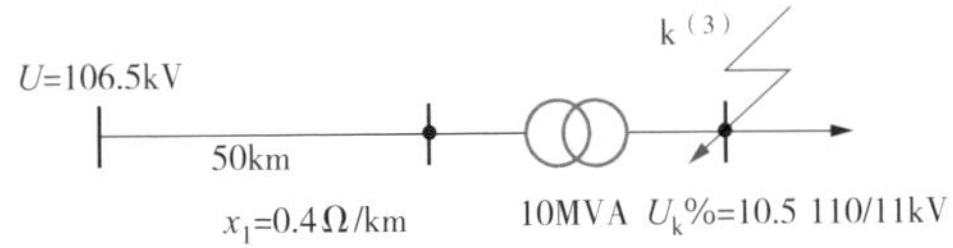

图 6–6 【例 6–1】图

解：图 6–6 所示简单电力系统等值阻抗图如图 6–7 所示。

图 6–7 【例 6–1】解图

选取 S_B=100MVA，高压侧电压基准值 U_{B1}=115kV，低压侧电压基准值 U_{B2}=10kV，则线路阻抗

$$X_{1*}=X_1L\frac{S_B}{U_{B1}^2}=0.4\times50\times\frac{100}{115^2}=0.15$$

变压器阻抗

$$X_{2*}=\frac{U_k\%}{100}\frac{S_B}{U_{B2}}=0.105\times\frac{100}{10}=1.05$$

系统总阻抗

$$X_{\Sigma*}=X_{1*}+X_{2*}=0.15+1.05=1.2$$

短路电流周期分量

$$I''=\frac{S_B}{\sqrt{3}U_{B2}X_{\Sigma*}}=\frac{100}{1.732\times10\times1.2}=4.811(\text{kA})$$

冲击短路电流

$$I_{ch}=2.55I''=2.55\times4.811=12.269(\text{kA})$$

短路容量

$$S=\frac{S_B}{X_{\Sigma*}}=\frac{100}{1.2}=83.33(\text{MVA})$$

【例 6–2】某变电站主接线以 100MVA 为基准值 S_B 的标幺阻抗如图 6–8 所示。220kV 的短路容量为 4000MVA，其中各分支分别为：发电机 A 容量为 2000MVA，发电机 B 容量为 1600MVA，两台主变压器容量均为 400MVA。试计算：（1）110kV 母线总的短路容量，及主变压器分支的短路容量；（2）停用一台主变压器时 110、220kV 母线的短路容量。

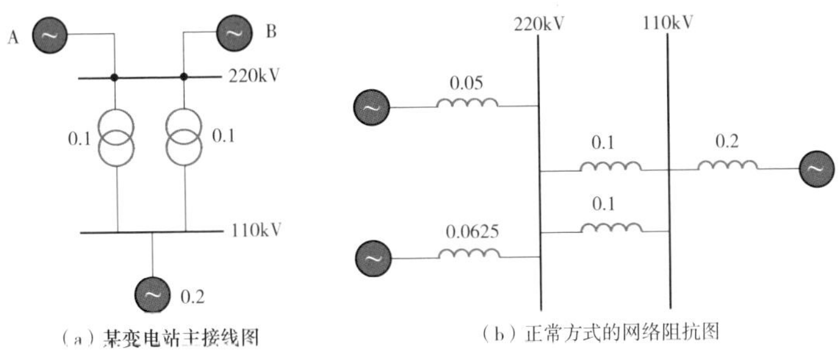

（a）某变电站主接线图
（b）正常方式的网络阻抗图

图 6-8 【例 6-2】图

解：（1）已知选取基准容量 S_B=100MVA，取

$$Z_{A*}=\frac{S_B}{S_{A*}}=\frac{100}{2000}=0.05,\ Z_{B*}=\frac{S_B}{S_{B*}}=\frac{100}{1600}=0.0625$$

$$Z_{A*}//Z_{B*}=\frac{0.05\times0.0625}{0.05+0.0625}=\frac{0.003125}{0.1125}=0.028$$

$$Z_{T*}=Z_{A*}//Z_{B*}+Z_{T1*}//Z_{T2*}=0.028+\frac{0.1\times0.1}{0.1+0.1}=0.078$$

$$S_{T*}=\frac{1}{Z_{T1*}}=\frac{1}{0.078}=12.82$$

$$S_{G110*}=\frac{1}{Z_{G*}}=\frac{1}{0.2}=5$$

110kV 母线总短路容量为

$$S_{110}=\left(S_{T*}+S_{G110*}\right)S_B=\left(12.82+5\right)\times100=1782\left(\mathrm{MVA}\right)$$

主变分支短路容量为

$$S_{T1}=S_{T2}=\frac{S_T}{2}=\frac{S_{T*}}{2}S_B=\frac{12.82}{2}\times100=641\left(\mathrm{MVA}\right)$$

（2）停用一台主变压器，其标幺阻抗如图 6-9 所示，则有

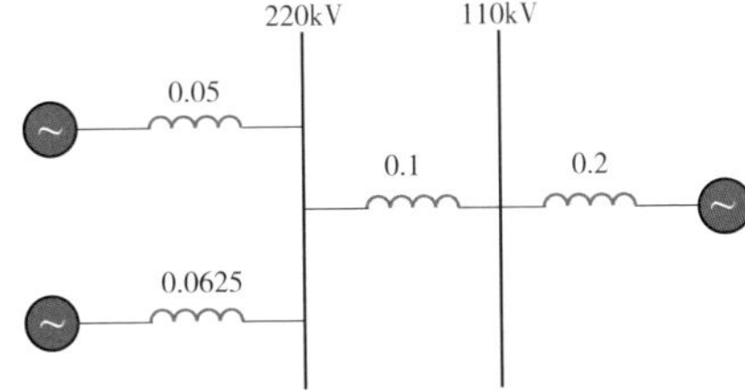

图 6-9 停用一台主变压器时的网络阻抗图

$$S_{TG220*}=\frac{1}{Z_{T1*}+Z_{G*}}=\frac{1}{0.1+0.2}=3.333$$

$$S_{TG220} = S_{TG220*} S_B = 3.333 \times 100 = 333.3(\text{MVA})$$

则 220kV 母线短路容量为

$$S_{220}=S_A+S_B+S_{TG220}=2000+1600+333.3=3933.3(\text{MVA})$$

$$S_{T110*} = \frac{1}{Z_{T110*}} = \frac{1}{Z_{A*} \parallel Z_{B*} + Z_{T1*}} = \frac{1}{0.028+0.1} = 7.812$$

$$S_{T110} = S_{T110*} S_B = 7.812 \times 100 = 781.2(\text{MVA})$$

$$S_{G110} = S_{G110*} S_B = 5 \times 100 = 500(\text{MVA})$$

则 110kV 母线短路容量为

$$S_{110}=S_{T110}+S_{G110}=781.2+500=1281.2(\text{MVA})$$

不对称短路分析计算

6.3.1 不对称短路的概念

当系统发生三相短路或三相接地短路时，系统中的电流、电压仍然是对称的，称为对称短路。但当发生单相接地、两相短路或两相接地短路故障时，就破坏了系统的对称性，称为不对称短路。某系统 B、C 两相短路示意图如图 6-10 所示。

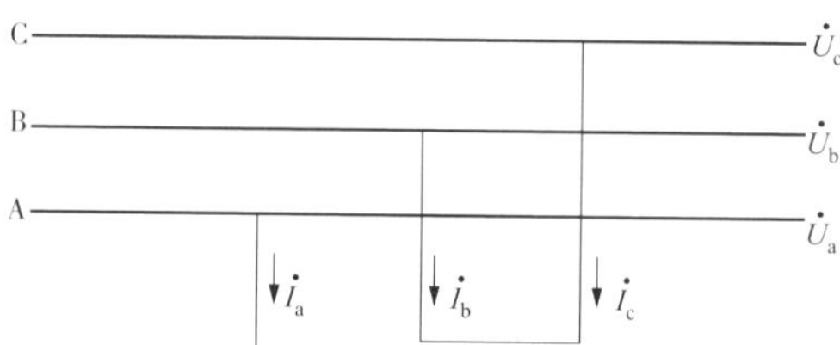

图 6-10 B、C 两相短路

图 6-10 中，B、C 两相发生短路后，各相电流、电压关系为

$$\left.\begin{aligned}\dot{I}_{a}&=0\\ \dot{I}_{b}&=-\dot{I}_{c}\\ \dot{U}_{b}&=\dot{U}_{c}\end{aligned}\right\}\tag{6-24}$$

可见，B、C 两相短路破坏了系统对称关系。不对称短路电流通常借助于对称分量法进行计算。

6.3.2 对称分量法

三相网络中任一组不对称相量（电流、电压等）都可以分解为三组对称分量，即正序分量、负序分量和零序分量。由于三相对称网络中各对称分量的独立性，即正序电动势只产生正序电流和正序电压降，负序和零序亦然。因此，可利用叠加定理分别计算，然后从对称分量中求出实际的短路电流和电压值。

对称分量的基本关系见表 6-3。

表 6-3 对称分量的基本关系

	电流 $\dot{I}$ 的对称分量		电压 $\dot{U}$ 的对称分量	算子 a 的性质
相量	$\dot{I}_a=\dot{I}_{a(1)}+\dot{I}_{a(2)}+\dot{I}_{a(0)}$ $\dot{I}_b=a^2\dot{I}_{a(1)}+a\dot{I}_{a(2)}+\dot{I}_{a(0)}$ $\dot{I}_c=a\dot{I}_{a(1)}+a^2\dot{I}_{a(2)}+\dot{I}_{a(0)}$	电压降	$\Delta\dot{U}_1=\dot{I}_{(1)}\,\mathrm{j}X_1$ $\Delta\dot{U}_2=\dot{I}_{(2)}\,\mathrm{j}X_2$ $\Delta\dot{U}_0=\dot{I}_{(0)}\,\mathrm{j}X_0$	$a=\mathrm{e}^{\mathrm{j}120^\circ}=-\frac{1}{2}+\mathrm{j}\frac{\sqrt{3}}{2}$ $a^2=\mathrm{e}^{\mathrm{j}240^\circ}=\mathrm{e}^{-\mathrm{j}120^\circ}=-\frac{1}{2}-\mathrm{j}\frac{\sqrt{3}}{2}$ $a^3=\mathrm{e}^{\mathrm{j}360^\circ}$
序量	$\dot{I}_{a(0)}=\frac{1}{3}(\dot{I}_a+\dot{I}_b+\dot{I}_c)$ $\dot{I}_{a(1)}=\frac{1}{3}(\dot{I}_a+a\dot{I}_b+a^2\dot{I}_c)$ $\dot{I}_{a(2)}=\frac{1}{3}(\dot{I}_a+a^2\dot{I}_b+a\dot{I}_c)$		$\dot{U}_{k1}=\dot{E}-\dot{I}_{k(1)}\,\mathrm{j}X_{1\Sigma}$ $\dot{U}_{k2}=-\dot{I}_{k(2)}\,\mathrm{j}X_{2\Sigma}$ $\dot{U}_{k0}=\dot{I}_{k(0)}\,\mathrm{j}X_{0\Sigma}$	$1+a+a^2=0$ $a^2-a=\sqrt{3}\mathrm{e}^{-\mathrm{j}90^\circ}=-\mathrm{j}\sqrt{3}$ $a-a^2=\sqrt{3}\mathrm{e}^{\mathrm{j}90^\circ}=\mathrm{j}\sqrt{3}$ $1-a=\sqrt{3}\mathrm{e}^{-\mathrm{j}30^\circ}=\sqrt{3}\left(\frac{\sqrt{3}}{2}-\mathrm{j}\frac{1}{2}\right)$ $1-a^2=\sqrt{3}\mathrm{e}^{\mathrm{j}30^\circ}=\sqrt{3}\left(\frac{\sqrt{3}}{2}+\mathrm{j}\frac{1}{2}\right)$

注 1. 表中仅示出电流 $\dot{I}$ 的对称分量，其电压 $\dot{U}$ 的关系与电流关系相同。
2. 下标 1、2、0 分别表示正、负、零序。
3. 向量乘以算子“a”即逆时针转 120°。

6.3.3 不对称短路的复合序网和正序等效定则

1. 序网的构成

将不对称分量分解为正序、负序和零序三组对称分量，其对应的网络称为序网。

（1）正序网络。正序网络参数与 **6.2.2** 所述三相短路时的网络和电抗值相同。

（2）负序网络。负序网络构成元件与正序网络完全相同，只需用负序阻抗 X_2 代替正序阻抗 X_1。其中，对于非旋转的静止电气元件（变压器、电抗器、架空线路、电缆线路等），$X_2=X_1$；对于旋转电机的负序阻抗一般由制造厂家提供。

（3）零序网络。零序网络由元件的零序阻抗所构成，零序电压施加于短路点，各支路均并联于该点。在做零序网络时，须先查明有无零序电流的闭合回路存在，这种回路至少在短路点连接的回路中有一个接地中性点时才能形成。

发电机的零序阻抗由制造厂家提供，电抗器的零序阻抗 $X_0=X_1$。架空输电线路或高压电缆的零序阻抗与电流在大地中的分布有关，精确计算较为困难，在短路电流的实用计算中，常可忽略电阻，采用表 6–4 所列近似计算公式计算。

表 6–4　输电线路零序电抗计算公式

序号	元件名称	电抗值计算公式
1	无架空地线的单回线路	$X_0=3.5X_1$
2	有钢质架空地线的单回线路	$X_0=3X_1$
3	有良导体架空地线的单回线路	$X_0=2X_1$
4	无架空地线的双回线路	$X_0=5.5X_1$
5	有钢质架空地线的双回线路	$X_0=3.7X_1$
6	有良导体架空地线的双回线路	$X_0=3X_1$
7	6~10kV 三芯电缆	$X_0=0.35X_1$
8	35kV 三芯电缆	$X_0=3.5X_1$
9	110kV 和 220kV 单芯电缆	$X_0=(0.8\sim1.0)X_1$

注　X_0 为零序电抗；X_1 为正序电抗。

变压器的零序等值电路与外电路的连接，取决于零序电流的流通路径，因而与变压器三相绕组连接形式及中性点是否接地有关。双绕组变压器的零序等值电路如图 6–11 所示。图中数字 1、2、3 的含义见表 6–5。

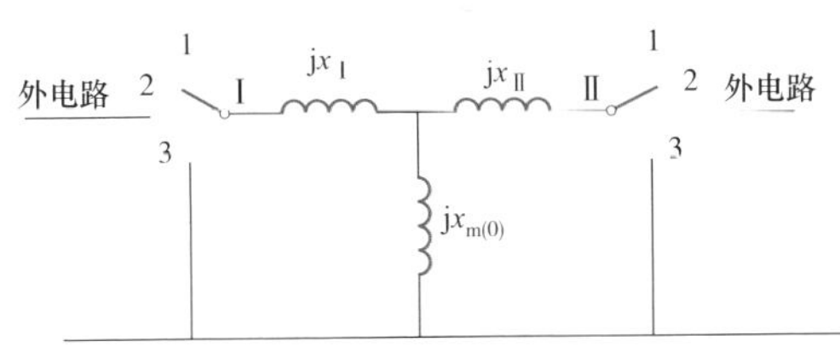

图 6–11　变压器零序等值电路

表 6–5　变压器零序等值电路与外电路连接

变压器绕组接法	开关位置	绕组端点与外电路的连接
星形不接地	1	与外电路断开
星形接地	2	与外电路接通
三角形	3	与外电路断开，但与励磁支路并联

由于三角形接法的绕组漏抗与励磁支路并联，一般励磁电抗总比漏抗大得多，因此，在短路计算中，当变压器有绕组采用三角形接法时，都可以近似地取零序励磁电抗 $X_{m(0)} \approx \infty$。

如果变压器的中性点经电抗 X_N 接地，则由于电抗 X_N 上将流过 3 倍零序电流，产生的电压降为 $3X_NI_0$，从而在单相等值电路中相当于有 $3X_N$ 的电抗与绕组漏抗相串联。

2. 不对称短路的复合序网

根据各种不对称短路的边界条件，可以将正、负、零序三个序网连成一个复合序网。该复合序网既反映了三个序网的回路方程，又能满足该不对称短路的边界条件。根据复合序网可以直观地求得短路电流和电压的各序分量。

单相接地短路、两相短路、两相接地短路的复合序网分别如图 6–12~ 图 6–14 所示。

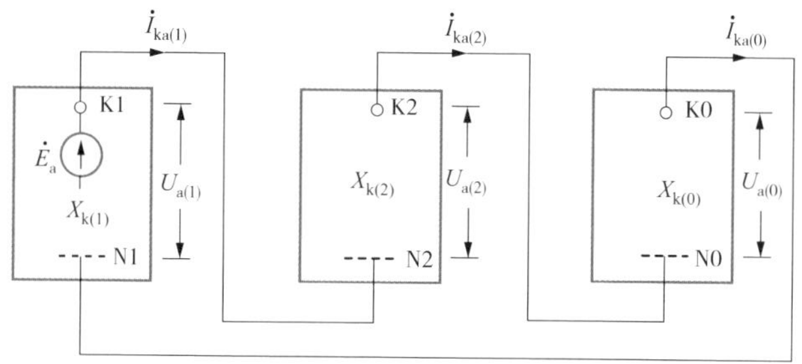

图 6–12　单相接地短路的复合序网

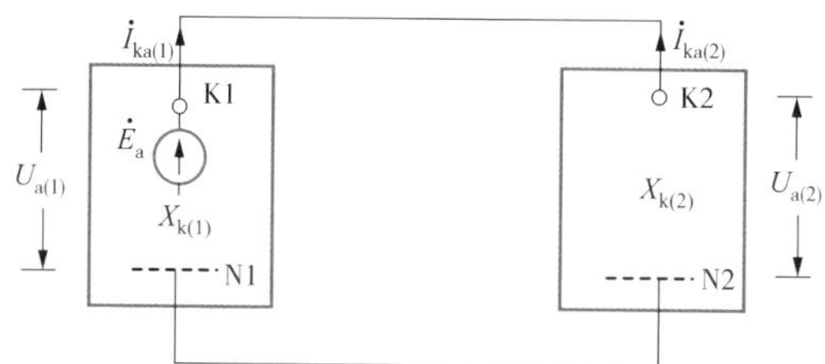

图 6–13　两相短路的复合序网

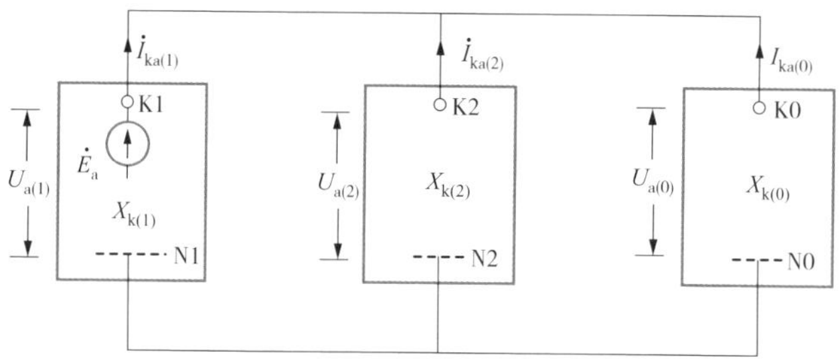

图 6–14　两相接地短路的复合序网

3. 正序等效定则

从不对称短路的复合序网中可以很方便地列出短路点的正序电流 $\dot{I}_{ka(1)}$。

单相接地短路时

$$\dot{I}_{ka(1)} = \frac{E_a}{X_{kk(1)} + X_{kk(2)}X_{kk(0)}} \tag{6–25}$$

两相短路时

$$\dot{I}_{ka(1)} = \frac{E_a}{X_{kk(1)} + X_{kk(2)}} \tag{6–26}$$

两相接地短路时

$$\dot{I}_{ka(1)}=\frac{E_a}{X_{kk(1)}+X_{kk(2)}/\!/X_{kk(0)}} \tag{6-27}$$

式中：$X_{kk(1)}$、$X_{kk(2)}$、$X_{kk(0)}$ 分别为系统对短路点的正序、负序和零序输入电抗。

以上所得的三种不对称短路时短路电流正序分量可以统一写成

$$\dot{I}_{ka(1)}^{(n)}=\frac{E_a}{j\left[X_{kk(1)}+X_{\Delta}^{(n)}\right]} \tag{6-28}$$

式中：$X_{\Delta}^{(n)}$ 表示附加电抗，其值随短路的形式不同而不同；上角标（n）是代表短路类型的符号。

正序等效定则内容为：在简单不对称短路的情况下，短路点电流的正序分量，与在短路点每一相中加入附加电抗而发生三相短路时的电流相等。此外，短路电流的绝对值与它的正序分量的绝对值成正比，即

$$I_k^{(n)}=m^n I_{ka(1)}^{(n)}$$

式中：m^n 为比例系数，其值视短路种类而异。

各种简单短路时的 $X_{\Delta}^{(n)}$ 和 m^n 见表 6-6。

表 6-6　简单短路时的 $X_{\Delta}^{(n)}$ 和 m^n 取值

短路类型 (n)	$X_{\Delta}^{(n)}$	m^n
三相短路 $k^{(3)}$	0	1
两相短路接地 $k^{(1,1)}$	$\frac{X_{kk(2)}X_{kk(0)}}{X_{kk(2)}+X_{kk(0)}}$	$\sqrt{3}\sqrt{1-\frac{X_{kk(2)}X_{kk(0)}}{\left[X_{kk(2)}+X_{kk(0)}\right]^2}}$
两相短路 $k^{(2)}$	$X_{kk(2)}$	$\sqrt{3}$
单相接地短路 $k^{(1)}$	$X_{kk(2)}+X_{kk(0)}$	3

【例 6-3】某厂用供电图 6-15 所示，计算此厂变低压侧出口两相短路和单相短路时故障点电流，计算时不计元件电阻和 20kV 系统阻抗，且各元件正、负、零序阻抗相同。

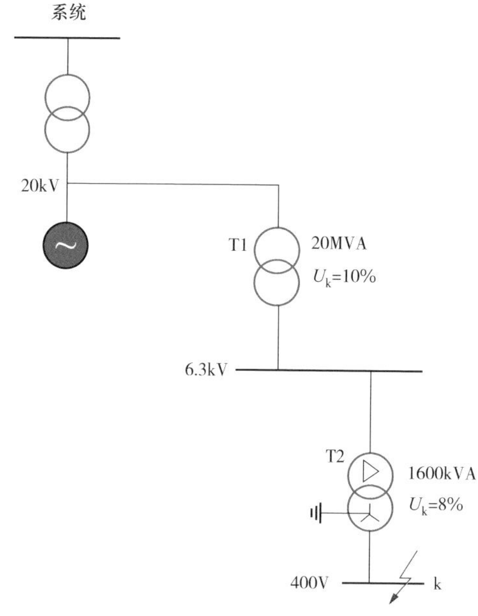

图 6-15 【例 6-3】图

解：取基准容量 S_B=100MVA，则有

T1 阻抗

$$X_{T1}=X_{T2}=U_k\frac{S_B}{S_N}=10\%\times\frac{100}{20}=0.5$$

T2 阻抗

$$X_{T1}'=X_{T2}'=X_{T0}'=U_k\frac{S_B}{S_N}=8\%\times\frac{100}{1.6}=5$$

两相短路电流

$$I_k^{(2)}=\frac{\sqrt{3}}{2}\times\frac{1}{X_{T1}+X_{T1}'}\times\frac{S_B}{\sqrt{3}U_B}=\frac{\sqrt{3}}{2}\times\frac{1}{0.5+5}\times\frac{100}{\sqrt{3}\times 400}\times 10^3=22.727(\text{kA})$$

单相短路电流

$$I_k^{(1)}=\frac{3}{\left(X_{T1}+X_{T1}'\right)+\left(X_{T2}+X_{T2}'\right)+X_{T0}'}\times\frac{S_B}{\sqrt{3}U_B}=\frac{3}{(0.5+5)+(0.5+5)+5}\times\frac{100}{\sqrt{3}\times 400}\times 10^3$$

$$=27\ 063(\text{kA})$$

6.4

限制短路电流的措施

当前电网规模不断扩大，电网间的联系越来越紧密，短路电流水平不断攀升，已严重影响到电网的安全运行，也给电网中断路器等设备选择造成了困难。如何在发展电网的同时，有效地控制电网的短路电流水平，成为我国电网亟需解决的主要问题。

一般来说，在设备允许的情况下，维持较高的短路电流水平有利于提高电力系统的暂态稳定性，同时可改善系统的电压特性。短路电流水平的不断增加会对电网的安全运行构成威胁，首先可能使断路器的开断能力不足而不能有效切除故障，危及整个系统的安全运行；其次是为了满足动、热稳定要求，使电网建设费用上升，短路电流水平越高，各项费用越大，从而有可能导致电网经济性明显下降；另外，在发生接地故障时由于注入大地的电流过大而使接地点附近的接触电压和跨步电压过大，人身安全受到严重威胁。因此需要采取一系列长远的、全局的短路电流限制措施。

为了保证系统安全可靠地运行，减轻短路的影响，应设法消除可能引起短路的一切因素，同时采取措施限制短路电流，具体从以下几个方面考虑。

1. 电网规划、设计、建造时采取的限制短路电流的方法

（1）优化电网结构、简化电网接线和电源接入方案。电网结构对短路电流水平有重要影响，实际工作中常常通过优化电网结构来达到提高系统的阻抗、限制短路电流的目的。效果往往十分显著。例如：①简化电网接线，推广采用大截面导线以减少输电回路数，可有效提高系统阻抗，降低短路电流；②结合电网远景新增的变电站布点，增大等值电气距离，降低短路电流水平；

③根据送电方向将电源直接接入受端系统，避免将电源经电网密集区再接入受电端，这种方式也可以控制短路电流水平。

（2）提高电网电压等级。提高电网电压等级，将原电压等级的网络分成若干区，采用辐射形接入更高一级的电网，原有电压等级电网的短路电流水平将随之降低。例如，在500kV电网发展的基础上，将500kV电网与220kV电磁环网解环运行，使220kV电网分层分区运行是限制短路电流最直接有效的方法。

（3）采用高阻抗升压变压器。适当提高新建电厂升压变压器的短路阻抗，可从源头上控制注入电网的短路电流，该措施在我国许多电网中已得到应用。但采用高阻抗变压器会增加发电机间相角差，对系统稳定不利。因此，在选择采用高阻抗变压器时，需要综合考虑系统的短路电流问题和稳定问题。

（4）变压器中性点加装接地小电抗。变压器中性点加装接地小电抗虽然不能减小三相故障的短路电流，但对限制短路电流的零序分量有明显效果。加装小电抗可以有效限制单相短路电流。以上海电网为例，受电网电气联系紧密、接地点较多的影响，上海电网单相短路电流水平维持在较高水平。因多回直流在上海电网集中落点，直流换流变的接地方式对500kV单相短路电流的助增效果相当明显，上海电网内几乎所有的500kV变电站的500kV母线单相短路电流均大于三相短路电流。为降低单相短路电流水平，目前上海电网采用了大阻抗变压器、500kV主变压器加装中性点小电抗等措施。

（5）采用串联电抗器。在适当地点安装串联电抗器可以有效限制系统的短路电流。所采用的串联电抗器有常规（不可控）串联电抗器和可控串联电抗器两种。但采用串联电抗器对电网的稳定、暂态运行均有一定的影响，同时还涉及现场的安装条件等诸多因素，需结合具体工程进一步研究。上海电网500kV变电站安装串联电抗器的现场，如图6-16所示。

图 6-16 上海电网 500kV 变电站安装串联电抗器现场图

（6）提高断路器的遮断容量。提高开关设备遮断容量是适应短路电流增长的一个重要途径。其实现方案是对老变电站进行改造，对新变电站设计提高相关设备的遮断容量。以上海电网为例，在 500kV 换流变电站内，为限制 220kV 侧短路电流，将 220kV 侧断路器的遮断容量从 50kA 提高到 63kA。

2. 实际电网运行时限制短路电流的方法

（1）低一级电网解环分片运行。500kV 电网发展逐渐成熟后，220kV 电网往往也须分片运行，以限制短路电流水平。

（2）变电站采用母线分列运行。变电站母线分列运行可以增大系统阻抗，有效降低短路电流水平。该措施便于实施，但将削弱各系统间的电气联系，降低系统安全裕度和运行灵活性，同时有可能引起母线负荷分配不均衡。

短路计算应用分析

短路电流的分析、计算是电力系统分析的重要内容之一，为电力系统的规划设计、电气设备选型、继电保护整定、事故分析提供了有效手段。本节简介 PSS/E 短路电流计算软件，以及上海电网短路电流计算的应用实例。

6.5.1 PSS/E 短路电流计算软件简介

随着我国电网的不断发展，电力系统的结构日趋复杂化，复杂电网的安全评估离不开强大软件的支持，目前在电力系统中计算短路电流常用软件包括了 BPA 和 PSS/E 等强大的分析软件。调度机构采用 PSS/E 软件的短路计算模块进行短路分析计算。PSS/E 短路计算的主要功能包括：交直流混合电力系统的短路电流计算；简单故障方式短路电流计算；全网短路电流的扫描计算；指定区域各母线短路电流的扫描计算；指定母线或线路上任意点的短路电流的计算；复杂故障方式短路电流计算，即任意母线和线路上任意点的多种组合方式的复杂故障计算；可计算故障点的短路电流和短路容量。

6.5.2 PSS/E 短路计算条件及工作流程

PSS/E 程序中的主要假定条件有：①短路前，三相交流系统对称运行；②短路为纯金属性短路；③不计负荷效应，基准值 S_B=100MVA，U_B=525kV（230、115、37kV），发电机 X''_d 以饱和值为主。

PSS/E 短路计算程序的流程为：

（1）数据的录入和编辑。将电网中发电机、变压器、输电线路和负荷的计算模型录入系统中，即基础数据准备，并最终生成可供各种计算分析的电网基础数据库。PSS/E 短路计算需要用到序贯数据文件（sequence data file），其扩展名为“.seq”。文件中包含了系统的负序阻抗和零序阻抗，它们被程序读入后，常常挂在潮流数据（包括发电机、支路、负荷等的正序、负序和零序数据）的后面，每个类型的数据常以 "0 /" 来表示结束。

（2）计算作业的定义。计算作业包括两个方面的内容，①确定电网的结构和运行方式（即电网的发电厂的开机方式和输电线路的运行方式）；②确定短路故障的类型和故障范围。

（3）执行短路计算。PSS/E 提供了两种短路计算方法：一种是手动式的短路计算，即用户自己选择短路点、短路故障类型等：另一种是自动式的短路计算，即用户事先设定的短路点、短路故障类型等利用某种格式存储在文件中，PSS/E 会根据该文件中的数据进行分别计算。

6.5.3 PSS/E 短路计算实际应用

在进行电力系统分析计算之前，要先确定短路计算的基础方案，即定义待计算电网的规模、结构和运行方式，以便从已建立的电网基础数据库中抽取数据，建立短路计算的基础电网模型。一般电网调度部门在进行短路计算时，是以给定的潮流方式为基础进行计算，通过短路计算输出的结果来验证给定的潮流方式是否能够使电力系统安全稳定地运行。

1. 电网调度机构年度短路容量表的编制

（1）短路容量表编制目的。电网调度机构每年都要进行短路容量表的修编工作，用于指导电网运行方式调整，确保电网实际运行中的短路电流水平在限值范围内。

（2）短路容量表编制方法。在进行短路容量修编时，必须先确定电网内发电机的开机状态和输电线路的运行状态，验证该方式为正常运行方式；然后通过 PSS/E 软件短路计算母线侧单相或三相金属性短路电流次暂态分量。

【例 6–5】以上海电网 500kV 变电站 A 为例（见图 6–17），编制短路容量表。

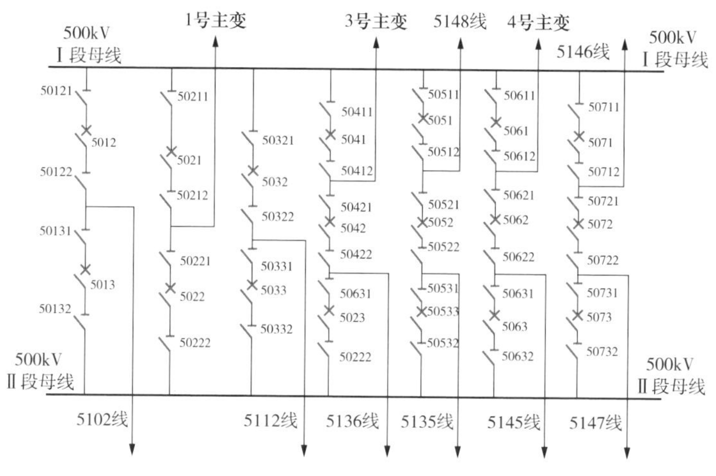

图 6-17 500kV 变电站 A 主接线图

解：首先，通过 PSS/E 软件计算支线短路电流，即分别计算年中、年底不同运行方式下的 500、220kV 各线路和主变压器近端故障的三相短路故障电流（见表 6-7）。

其次，计算母线短路电流。根据电路理论叠加定理可知各分支电流相量之和为变电站内母线短路电流，即表 6-7 中合计电流。

变电站短路容量表是很重要的基础数据，为电力系统运行方式选取、变电站设备选样、继电保护定值整定及合理配置提供运行依据。

表 6-7 500kV 变电站 A 短路容量（kA）

支路名称	年中		年底		
	正常方式	小方式	特大方式	正常方式	单相短路
5102 线	3.2	1.6	3.2	3.2	5.3
5112 线	3.2	1.6	3.2	3.2	5.3
5135 线	10.2	7.5	10.6	10.3	7.3
5136 线	10.3	7.6	10.8	10.4	7.5
5145 线	7.5	5.9	7.5	7.5	8.4

续表

支路名称	年中		年底		
	正常方式	小方式	特大方式	正常方式	单相短路
5146 线	7.4	5.9	7.4	7.5	8.3
5147 线	6.2	5.5	6.2	6.2	5.1
5148 线	6.2	5.5	6.2	6.2	5
1 号主变	1.3	0.6	1.3	1.3	2.7
3 号主变	1.3	0.6	1.3	1.3	2.8
4 号主变	1.3	0.6	1.3	1.3	2.7
合计	58.1	42.3	59	58.4	60.3

2. 特殊方式短路容量表的编制

由于区域电网间联系越来越紧密，电网各节点间的电气距离越来越短，导致短路电流水平不断攀升。因此，在编制电网运行方式时必须考虑短路电流水平。为限制短路电流水平，须对电网运行方式进行必要调整，调整后的运行方式被统称为“特殊方式”。

【例 6–6】 某 500kV 电网全接线方式如图 6–18（a）所示，变电站 C 内接线图如图 6–18（b）所示。电网各厂站 500kV 母线短路电流见表 6–8，其中 C 变电站母线的单相短路电流超 500kV 断路器遮断容量 63kA。请列出一项有效的限流措施，并编制限流后特殊方式的短路容量表。

表 6–8 全接线方式 500kV 母线短路电流（kA）

运行方式	C 变电站		B 变电站		D 变电站		甲发电厂		乙发电厂	
	三相	单相	三相	单相	三相	单相	三相	单相	三相	单相
全接线	59.3	63.5	54.1	56.4	57.8	62.1	53.9	55.5	49.0	49.6

解：采用提高系统阻抗的限制短路电流，将 C 变电站两根出线进行短接，即 C 变电站 5011、5013 断路器拉开。该特殊方式使得 B 变电站至 D 变电站的一路通道仅通过 C 变电站第一串 5012 断路器直接联络，造成 C 变电站原四

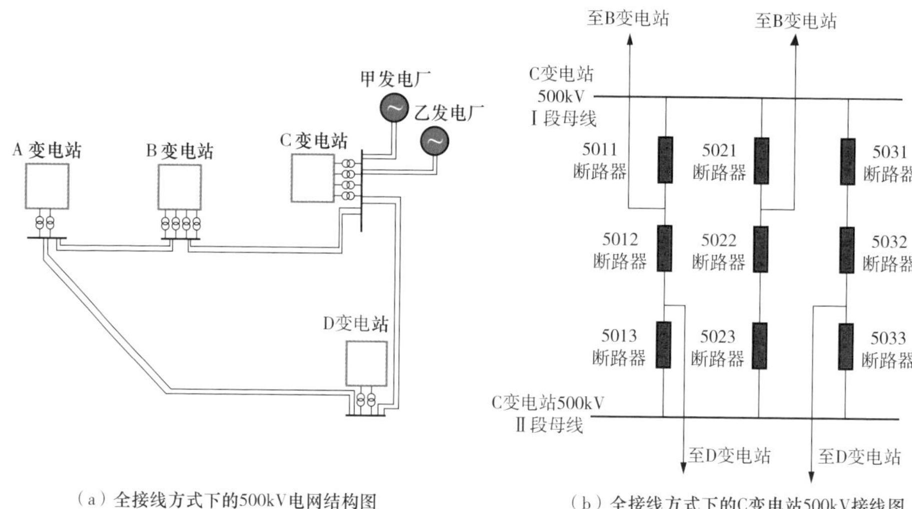

（a）全接线方式下的500kV电网结构图　（b）全接线方式下的C变电站500kV接线图

图 6–18　全接线方式示意图

根出线减为两根出线，C 变电站 500kV 第一串出串，原三个完整串减为两个完整串，减小了 C 变电站母线的单相短路电流。

这个特殊方式称为“C 站出串”，示意图如图 6–19 所示。

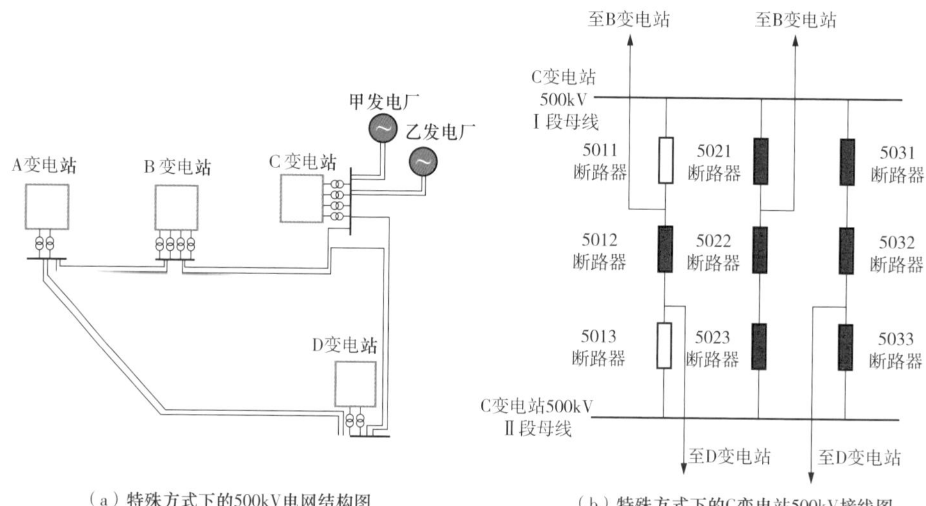

（a）特殊方式下的500kV电网结构图　（b）特殊方式下的C变电站500kV接线图

图 6–19　“C 站出串”示意图

通过 PSS/E 软件计算得到特殊方式下电网各厂站 500kV 母线短路电流，见表 6–9。C 站出串后，电网各厂站 500kV 母线短路电流较全接线方式明显下降，同时 C 变电站母线的单相短路电流从 63.5kA 下降至 56.8kA，低于断路器遮断容量，满足了电网安全运行要求。

表 6–9　　特殊方式 500kV 母线短路电流（kA）

运行方式	C 变电站		B 变电站		D 变电站		甲发电厂		乙发电厂	
	三相	单相	三相	单相	三相	单相	三相	单相	三相	单相
C 站出串	54.1	56.8	52.8	53.5	55.9	60.0	50.2	51.3	45.6	45.9

3. 短路容量表的高级应用

目前，一般大区域电网 500kV 电网合环运行，220kV 电网为分区运行。在特殊情况下，某些不同的 220kV 分区往往需要合环运行，但合环后电网厂站的母线短路电流水平如何，是否超断路器遮断容量，哪些合环方式达到电网安全稳定运行要求，这些疑问困扰着调度员的操作决策。为此，调度员会查阅短路容量表，从中选择正确的运行方式。

【例 6–7】某省级电网接线如图 6–20 所示，C 分区包含 C 变电站 220kV、甲、乙、丙、丁变电站，A 分区包含 A 变电站 220kV 和戊变电站，C 变电站 2 台主变压器与 500 kV 电网联络，A 变电站 4 台主变压器与 500 kV 电网联络，特殊方式下短路容量表见表 6–10。试分析 C 分区与 A 分区合环运行的可行性，并选择正确的合环运行方式。

表 6–10　　特殊方式下短路容量表（kA）

编号	运行方式	关键厂站母线（kA）			
		C 变电站（220kV）		A 变电站（220kV）	
		三相	单相	三相	单相
0	合环前	23.6	28.8	42.1	45.6
1	C 分区与 A 分区合环（主变压器 2+4 方式）	34.4	39.8	49.6	52.4
2	500kV A 变电站陪停一台主变压器	33.7	39.2	42.4	45.6

续表

编号	运行方式		关键厂站母线（kA）			
			C 变电站（220kV）		A 变电站（220kV）	
			三相	单相	三相	单相
3	500kV C 变电站停一台主变压器	（主变压器 1+4 方式）	24.9	28.5	47.7	50.9
4		500kV A 变电站陪停一台主变压器	24.2	27.8	40.4	43.9

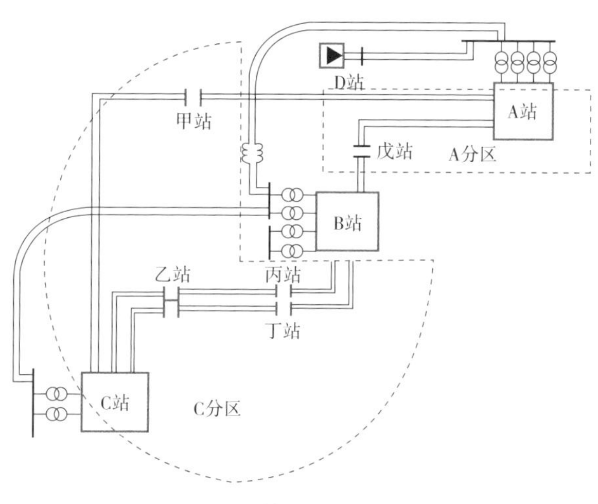

图 6-20　某省级电网接线图

解：编号 1~4 的运行方式均为 C 分区与 A 分区合环后特殊方式。特殊方式 1 指的是合环后 C 变电站 2 台主变压器与 A 变电站 4 台主变压器相连；特殊方式 2 指的是合环后 C 变电站 2 台主变压器与 A 变电站 3 台主变压器相连；特殊方式 3 指的是合环后 C 变电站 1 台主变压器与 A 变电站 4 台主变压器相连；特殊方式 4 指的是合环后 C 变电站 1 台主变压器与 A 变电站 3 台主变压器相连。

分析表 6–10 可得出以下结论：

（1）C 分区与 A 分区不能直接合环运行，否则 A 变电站 220kV 母线的单相短路电流超断路器遮断容量。

（2）在 C 变电站一台主变压器停役的条件下，C 分区与 A 分区也不能直接合环运行，否则仍然是 A 变电站 220kV 母线的单相短路电流超断路器遮断容量。

（3）C 分区与 A 分区合环运行条件是陪停 A 变电站一台主变压器，或 C 变电站与 A 变电站各停一台主变压器，即特殊方式 2 或特殊方式 4，此条件下没有出现短路电流超断路器遮断容量的现象。

因此，C 分区与 A 分区合环运行的正确方式应选择特殊方式 2 或特殊方式 4。

小结

短路是电力系统中常见的一种故障，对其进行分析、计算、研究，对一次系统的安全运行、二次系统的可靠稳定具有重要的意义。本章在介绍短路的概念、种类、危害以及防范措施基础上，重点讲述了短路电流的计算、限制短路电流的措施以及在实际中的应用。

简单地说，短路就是电力系统中带电部分与大地之间以及不同相之间的短接。在三相系统中一般分为单相短路（或称单相接地短路）、两相短路、两相接地短路、三相短路。短路发生时，短路电流将产生热效应和电动力效应，可能破坏电气设备，严重威胁电力系统的安全运行，因此必须采取相应措施进行预防。具体措施包括：改进电气设备的性能，增加必要的设备（如电抗器等）；合理选择系统的运行方式，并且要求在短路发生时能将其影响限制在最小的范围内。

短路电流的计算可采用有名值和标幺值两种方法，但计算步骤基本相同。首先绘制计算电路图；然后将各元件依次编号，并计算各元件电抗；根据短路点绘出等效电路，将电路简化；最后求出等效总阻抗以及短路电流。无限大容量电源供电系统内发生短路，可通过分析短路电流波形的变化，得出短路电流周期分量、非周期分量、冲击短路电流的计算公式。短路电流的周期分量或稳态分量影响短路电流的热效应，冲击短路电流影响短路电流的电动力效应。上述短路电流的计算，均是三相对称短路的情况。当系统发生不对称短路时，可利用三相短路电流计算的结果，通过正序等效定则得出不对称短路时短路电流的大小。

当电气设备的短路电流超过允许值时，有可能会扩大事故范围，进而危及电网的安全运行。因此，电网调度部门每年都要进行短路容量的修编工作。由于人工计算短路电流已不能适应现代电网的发展，目前电网调度部门都是通过专用计算机软件进行短路电流的计算，并通过计算结果指导解决实际的电网运行中可能涉及的短路电流问题。

习题与思考题

6-1　什么是电力系统的短路？一般有哪些类型？

6-2　系统发生短路故障有哪些危害？

6-3　短路电流计算的作用是什么？

6-4　某变电站接线如图 6-21 所示。试求 **k** 点三相短路时起始短路电流周期分量的有名值。

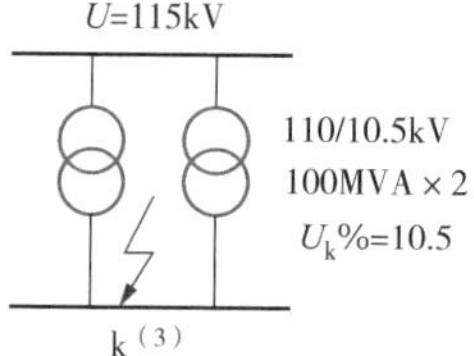

图 6-21　题 6-4 图

6-5　如图 6-22 所示，某电力系统所有参数均已归算至基准值，当 **k** 点发生 BC 两相相间短路时，试求故障点各相电流、电压。（用标幺值表示）

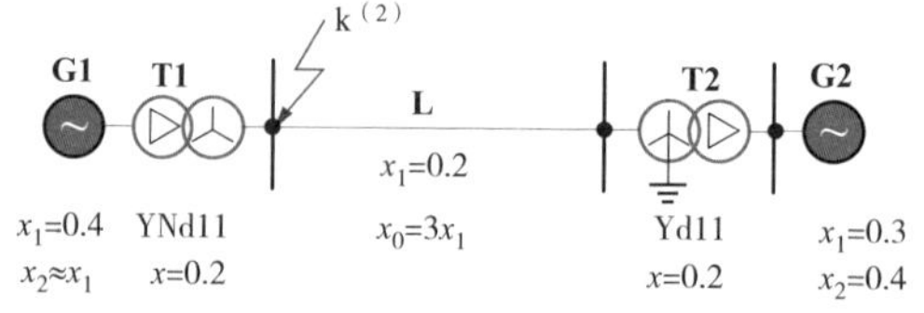

图 6-22　题 6-5 构图

6-6　某电力系统接线如图 6-23 所示，请画出在 k 点发生不对称接地短路时的零序网。

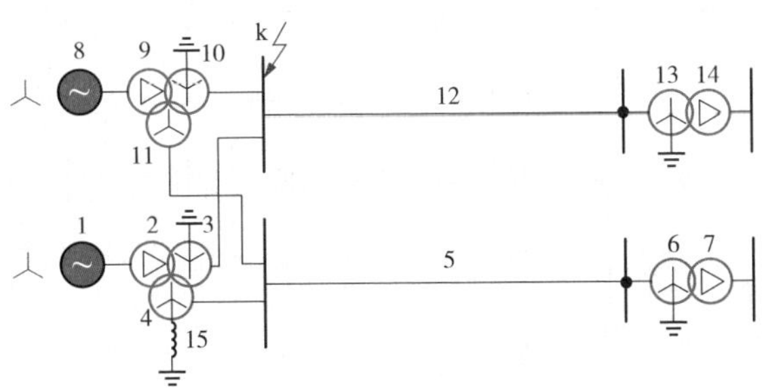

图 6-23　题 6-6 图

6-7　什么情况下单相短路电流值大于三相短路电流值?

6-8　哪些主接线形式和运行方式有利于限制短路电流?

第7章 CHAPTER SEVEN

电力系统稳定性分析 07

电力系统发生短路故障后，保护继电器动作隔离故障设备，对电网产生各种形式的扰动，将造成传输功率、电流、电压等运行参数的剧烈变化，危及电力系统安全稳定运行。电力系统稳定性一旦被破坏，将造成大量用户供电中断，甚至导致整个系统的瓦解，后果极为严重。因此，必须采取相应措施提高电力系统稳定性。

本章主要内容为电力系统稳定的基本概念和基本理论，并阐述提高电力系统稳定性的一般原则和应用措施。

7.1 电力系统稳定性的基本概念

电力系统正常运行的重要标志，是系统中的同步电机（主要是同步发电机）都处于同步运行状态，即所有并联运行的同步电机都有相同的电角速度，通常称此情况为稳定运行状态。当电力系统受到扰动后，所有的同步电机重新以相同的角速度运行，则电力系统保持稳定；如果一台同步电机或部分同步电机角速度持续增加直到失去同步，则电力系统失去稳定运行。

电力系统同步运行的稳定性是根据受扰动后并联运行的同步发电机转子之间的相对位移角（或发电机电动势之间的相角差）的变化规律来判断的，又称作电力系统的功角稳定性。

7.1.1 电力系统扰动分类

电力系统扰动可分为小扰动和大扰动两类。

小扰动指由于负荷正常波动、功率及潮流控制、变压器分接头调整和联络线功率无规则波动等引起的扰动。

大扰动指系统元件短路、断路器切换等引起较大功率或阻抗变化的扰动。大扰动按扰动严重程度和出现概率分为三类。

第Ⅰ类指出现概率较高的单一故障，主要包括：①任何线路单相瞬时接地故障重合成功；②同级电压的双回或多回线和环网，任一回线单相永久故障重合不成功以及无故障三相断开不重合；③同级电压的双回或多回线和环网，任一回线三相故障断开不重合；④任一发电机跳闸或失磁，任一新能源场站或储能电站脱网；⑤任一台变压器故障退出运行（辐射形结构的单台变压器除外）；⑥任一大负荷突然变化；⑦任一交流联络线故障或无故障断开不重合；⑧直流输电线路单极闭锁，或单换流器闭锁故障；⑨直流单极线路短路故障等。

第Ⅱ类指出现概率较低的单一严重故障，主要包括：①单回线单相或单台变压器（辐射形结构）故障或无故障三相断开；②任一段母线故障；③同杆并架双回线的异名两相同时发生单相接地故障重合不成功，双回线三相同时跳开，或同杆并架双回线同时无故障断开；④直流系统双极闭锁，或两个及以上换流器闭锁（不含同一极的两个换流器）；⑤直流输电线路双极线路短路故障等。

第Ⅲ类指出现概率很低的多重严重故障，主要包括：①故障时断路器拒动；②故障时继电保护、自动化装置误动或拒动；③自动调节装置失灵；④多重故障；⑤失去大容量发电厂；⑥新能源大规模脱网；⑦其他偶然因素等。

7.1.2 电力系统稳定性分类

电力系统稳定性指的是电力系统受到扰动后保持稳定运行的能力。根据动态过程的特征和参与动作的元件及控制系统，我国通常将电力系统稳定性划分为功角稳定、电压稳定和频率稳定。

功角稳定是指同步互联电力系统中的同步发电机受到扰动后保持同步运行的能力。功角失稳由同步转矩或阻尼转矩不足引起，同步转矩不足导致非周期性失稳，而阻尼转矩不足导致振荡失稳。

电压稳定是指电力系统受到小扰动或大扰动后，系统电压能够保持或恢复到允许范围内，不发生电压崩溃的能力。

频率稳定是指电力系统受到小扰动或大扰动后，系统频率能够保持或恢复到允许范围内，不发生频率振荡或崩溃的能力。

电力系统稳定的详细分类及失稳表现见表 7-1。

表 7-1 电力系统稳定性分类及失稳表现

稳定性分类		稳定水平定义	失稳特征表现
功角稳定	静态功角稳定	电力系统受到小扰动后，不发生功角非周期性失步，自动恢复到起始状态的能力	非周期性失稳
	暂态功角稳定	电力系统受到大扰动后，各同步发电机保持同步运行并过渡到新的或恢复到原来稳定运行方式的能力，通常指保持第一、第二振荡周期不失步的功角稳定	大扰动下系统振荡
	小扰动动态功角稳定	电力系统受到小扰动后，在自动调节和控制装置的作用下，不发生发散振荡或持续的振荡，保持功角稳定的能力	发散振荡或持续振荡
	大扰动动态功角稳定	电力系统受到大扰动后，在自动调节和控制装置的作用下，保持较长过程功角稳定的能力	
电压稳定	静态电压稳定	电力系统受到小扰动后，系统所有母线保持稳定电压的能力	系统母线电压发生电压崩溃
	暂态电压稳定	电力系统受到大扰动后，系统所有母线保持稳定电压的能力	
频率稳定		电力系统发生有功功率扰动后，系统频率能够保持或恢复到允许的范围内，不发生频率振荡或崩溃的能力	频率振荡或崩溃

7.1.3 电力系统功角的概念

某简单电力系统如图 7-1（a）所示，发电机 G 通过升压变压器 T1、输电线路 L、降压变压器 T2 接到受端电力系统。假定受端系统容量相对于发电机来说是很大的，则发电机输送任何功率时，受端母线电压的幅值和频率均不变（即所谓无限大容量母线）。当送端发电机为隐极机时，可以得到系统的等值电路如图 7-1（b）所示。图中受端系统可以看作为内阻抗为零、电动势为 $\dot{U}$ 的同步电动机。

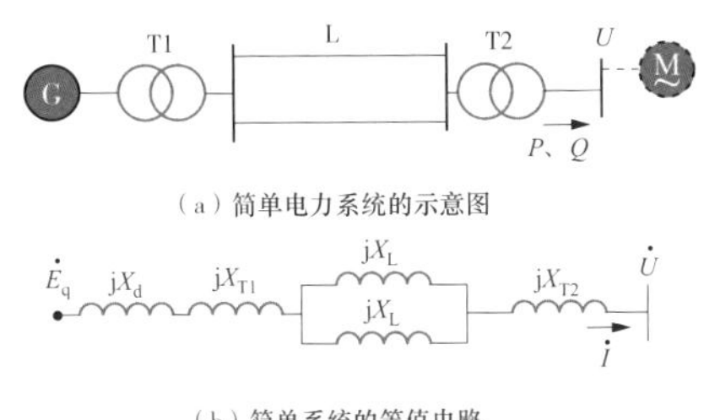

图 7–1 简单电力系统示意图及其等值电路

简单电力系统中各元件的电阻及导纳均略去不计时，系统的总电抗为

$$X_{d\Sigma} = X_d + X_{T1} + \frac{1}{2}X_L + X_{T2} \tag{7–1}$$

式中：X_d、X_{d1}、X_L、X_{T2} 分别为发电机 G、升压变压器 T1、单回输电线路 L 和降压变压器 T2 的电抗。

由图 7–2 所示的简单电力系统的向量图

$$IX_{d\Sigma}\cos\varphi = E_q \sin\delta \tag{7–2}$$

则发电机输出功率为

$$P_e = UI\cos\varphi = \frac{E_q U}{X_{d\Sigma}}\sin\delta \tag{7–3}$$

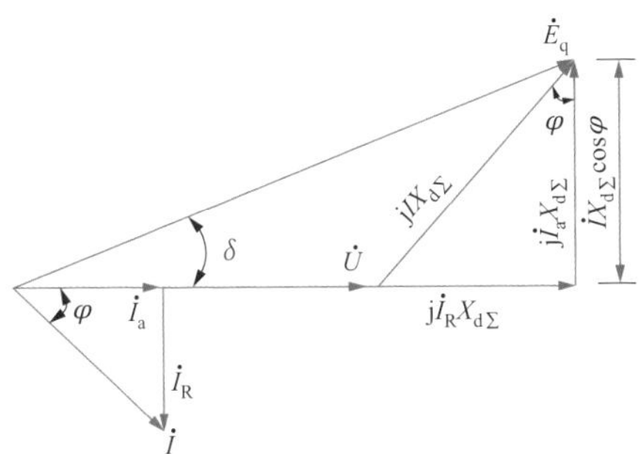

图 7–2 简单电力系统的向量图

当发电机的电动势 E_q 和受端电压 U 均为恒定时，输出功率 P_e 是角度 δ 的正弦函数，如图 7–3 所示。输出功率与功角的关系 $P_e=f(\delta)$，称为功角特

性或功率特性。

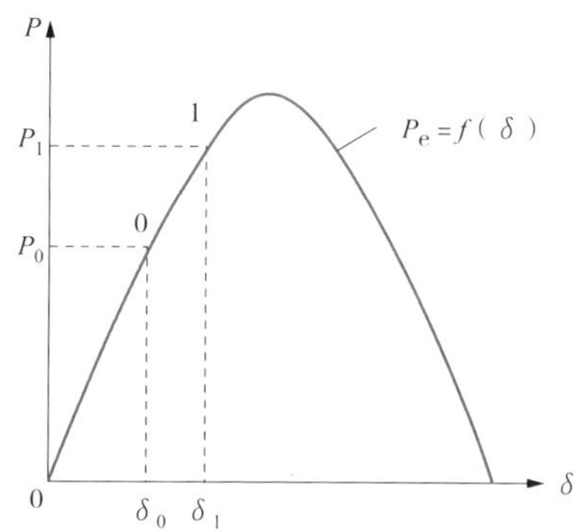

图 7–3　发电机的功角特性曲线

当功角 δ 为零时，功率传送也为零。随着 δ 的增加，功率也增加直到最大值。在某一角度，通常是 90° 以后，进一步的角度增加造成功率传送的减少。因此在两同步电机之间存在一个最大的稳态传输功率，即稳定极限。

功角 δ 在电力系统稳定问题的研究中占有特别重要的意义，其有两层的含义：①表示电动势 $\dot{E}_q$ 与电压 $\dot{U}$ 之间的相位差；②表明了同步发电机 G 与同步电动机 M 转子间的相对空间位置（故又称为位置角）。δ 角随时间的变化描述了各同步电机转子间的相对运动。而同步电机转子间的相对运动性质，正是判断同步电机之间是否同步运行的依据。

发电机转子上作用着两个转矩（不计摩擦等因素）：一是原动机的转矩 M_T（或用机械功率 P_m 表示），它推动转子旋转；另一个是与发电机输出的电磁功率 P_e 对应的电磁转矩 M_e，它阻碍转子旋转。

在系统正常运行情况下，两者相互平衡，即 $P_m=P_e=P_0$。发电机以恒定速度旋转，且与受端系统的发电机的转速（指电角速度）相同（设为同步速度 ω_N）。功角 $\delta=\delta_0$（见图 7–3），保持不变。因为两个发电机角速度相同，所以相对位置保持不变。

当电力系统受到扰动时，发电机的电磁功率发生变化，导致发电机的输入机械功率和输出电磁功率失去平衡，发电机转子上的转矩平衡受到破坏。

若原动机功率大于发电机的电磁功率，则发电机转速高于受端系统发电机的转速，发电机转子间的相对空间位置也发生变化，功角 δ 增大。当 δ 增大时，发电机输出的电磁功率也将增大，直到达到新的平衡状态。

简单电力系统的静态功角稳定

保持静态功角稳定（简称静态稳定）是电力系统正常运行的基本条件之一。GB 38755—2019《电力系统安全稳定导则》规定，电力系统受到小干扰后，不发生功角非周期性失步，自动恢复到初始运行状态的能力称之为静态稳定。其属于同步转矩不足使转子角持续增加的功角稳定问题。

对于一个单机无穷大系统，其功角特性如图 7–4 所示，其发电机的电磁功率与发电机电动势的相位角有关，如图 7–5 所示。在静态稳定分析中，若不计原动机调速系统作用，则原动机的机械功率 $P_m=P_0$ 不变。假定在某一正常运行方式下，发电机向无限大系统输送的功率为 P_e，由于忽略了电阻损耗以及机组的摩擦、风阻等损耗，P_e 与 P_m 相平衡，即 $P_m=P_e$。由图 7–4 可见，这时有两个平衡点，a 点和 b 点。a 点处于功角特性曲线的上升段，曲线的斜率 $\left.\frac{\mathrm{d}P_e}{\mathrm{d}\delta}\right|_{\delta_a}>0$；$b$ 点处于功角特性曲线的下降的线段，曲线斜率 $\left.\frac{\mathrm{d}P_e}{\mathrm{d}\delta}\right|_{\delta_b}<0$。

在 a 点运行时，假定受小扰动运行点变动到 a' 点，从图 7–5 可以看出，正的功角增量 $\Delta\delta=\delta_a'-\delta_a$ 产生正的电磁功率增量 $\Delta P_e=P_a'-P_0$。原动机的功率仍然保持 $P_m=P_0$ 不变。发电机电磁功率的变化，使转子上的转矩平衡受到破坏。由于电磁功率大于原动机的功率，转子上产生了制动性的不平衡转矩。在此不平衡转矩作用下，发电机转速开始下降，因而功角开始减小。经过衰减振荡后，发电机恢复到原来的运行点 a，如图 7–5 所示。如果在点 a 运行时

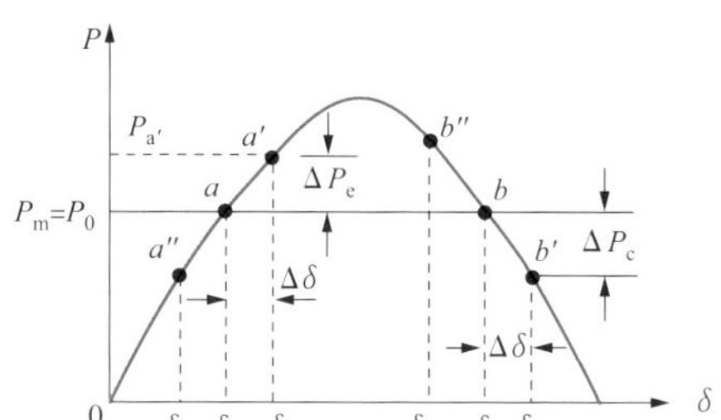

图 7–4　单机无限大系统功角特性

受扰动产生一个负值的角度增量 $\Delta\delta=\delta_{a''}-\delta_a$，则电磁功率的增量 $\Delta P_e=P_{a''}-P_0$ 也为负值，发电机将受到加速性的不平衡转矩作用而恢复到点 a 运行。所以在点 a 的运行是稳定的。

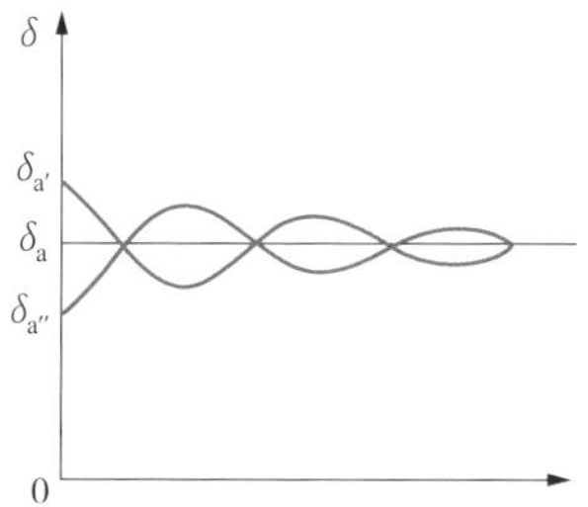

图 7–5　点 a 运行时受小扰动后功角的变化（点 a 运行）

点 b 的运行特性 δ 点 a 完全不同，这里正值的角度增量 $\Delta\delta=\delta_{b'}-\delta_b$，使电磁功率减小而产生负值的电磁功率增量 $\Delta P_e=P_{b'}-P_0$。于是，转子在加速性不平衡转矩作用下开始升速，功角 δ 增大。随着功角 δ 的增大，电磁功率继续减小，发电机转速继续增加，这样送端和受端的发电机便不能保持同步运行，即失去了稳定。如果在点 b 运行时受到微小扰动而获得一个负值的角度增量 $\Delta\delta=\delta_{b''}-\delta_b$，则将产生正值的电磁功率增量 $\Delta P_e=P_{b''}-P_0$，发电机的工作点，将由点 b 过渡到点 a。由此得出，点 b 运行是不稳定的。图 7–6 所示为点 b 运行时段小扰动后动角的变化。

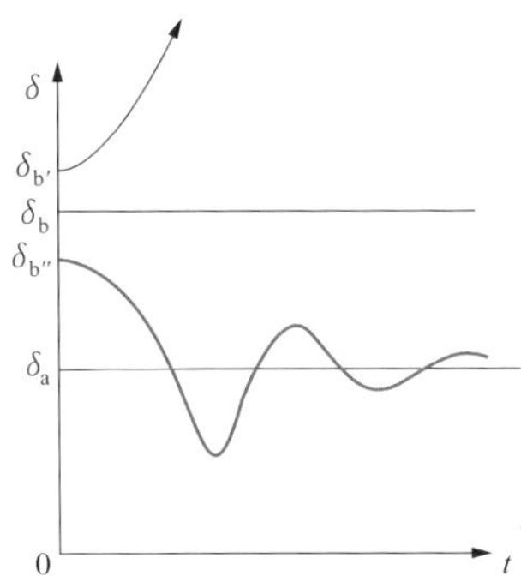

图 7–6　点 b 运行时受小扰动后功角的变化

由此可以得到简单电力系统静态稳定的实用判据

$$\frac{\mathrm{d}P_e}{\mathrm{d}\delta} > 0 \tag{7–4}$$

显然，静态稳定运行的功率极限角是 δ=90°，此时，功率达到极限值，即 P=P_{max}，P_{max} 称为静态稳定功率极限。实际上，$\delta < 90°$ 时，系统才有可能保持稳定运行。

7.3 简单电力系统的暂态功角稳定

电力系统暂态功角稳定（又称暂态稳定）研究的主要内容是电力系统受到大扰动后能否保持稳定。以下简要说明某基本概念。

暂态稳定的过程一般分为正常状态、故障状态和故障切除三种状态。本文以简单电力系统突然切除一回输电线路的情况为例，介绍简单电力系统在输电线路始端发生短路时的三个阶段，具体见表 7–2。

表 7–2　　简单电力系统暂态稳定状态过程

状态过程	电力系统结构图	等值电路图
正常状态	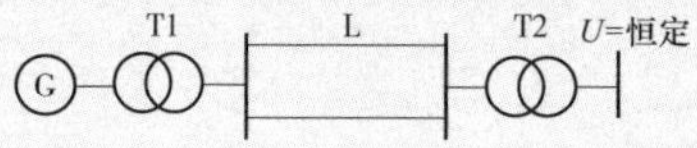 G　T1　L　T2　U=恒定	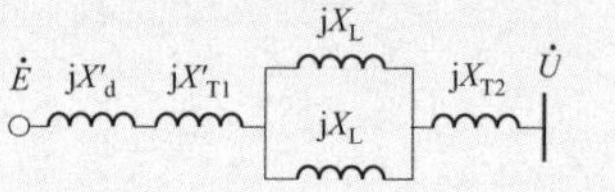 $\dot{E}$　jX'_d　jX'_{T1}　jX_L　jX_L　jX_{T2}　$\dot{U}$
故障状态	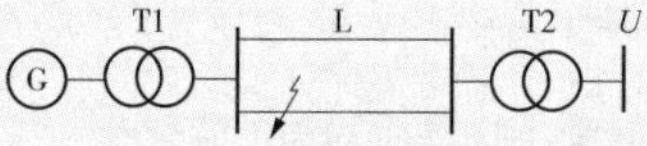 G　T1　L　T2　U	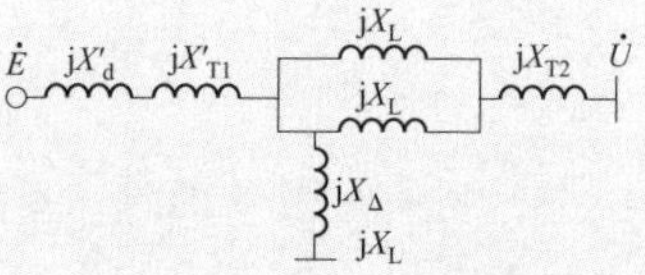 $\dot{E}$　jX'_d　jX'_{T1}　jX_L　jX_L　jX_{T2}　$\dot{U}$　jX_Δ　jX_L
故障切除	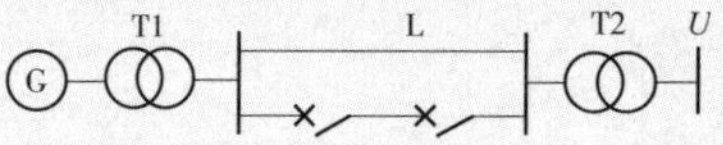 G　T1　L　T2　U	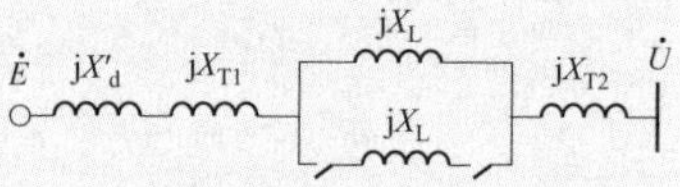 $\dot{E}$　jX'_d　jX_{T1}　jX_L　jX_L　jX_{T2}　$\dot{U}$

状态过程	电力系统阻抗值	电力系统功率特性	静态功率极限
正常状态	$X_{\mathrm{I}}=X_d'+X_{T1}+\frac{1}{2}X_L+X_{T2}$	$P_{\mathrm{I}}=\frac{E_qU}{X_{\mathrm{I}}}\sin\delta$	$P_{\mathrm{Imax}}=\frac{E_qU}{X_{\mathrm{I}}}$
故障状态	$X_{\mathrm{II}}=X_{\mathrm{I}}+\frac{\left(X_d'+X_{T1}\right)\left(\frac{1}{2}X_L+X_{T2}\right)}{X_\Delta}$	$P_{\mathrm{II}}=\frac{E_qU}{X_{\mathrm{II}}}\sin\delta$	$P_{\mathrm{IImax}}=\frac{E_qU}{X_{\mathrm{II}}}$
故障切除	$X_{\mathrm{III}}=X_d'+X_{T1}+X_L+X_{T2}$	$P_{\mathrm{III}}=\frac{E_qU}{X_{\mathrm{III}}}\sin\delta$	$P_{\mathrm{IIImax}}=\frac{E_qU}{X_{\mathrm{III}}}$

注　1. X_Δ 为正序增广网络的附加阻抗（根据正序等效定则，求得 X_Δ）；

2. $X_{\mathrm{II}}>X_{\mathrm{III}}>X_{\mathrm{I}}$，$P_{\mathrm{Imax}}>P_{\mathrm{IIImax}}>P_{\mathrm{IImax}}$。

根据表 7–2 所列的简单电力系统在遭受大扰动时的三个动态过程，可得出简单电力系统的功率特性曲线，如图 7–7 所示。在稳定运行时的电磁功率特性如曲线 P_{I} 所示，当发生故障时，电磁功率特性曲线 P_{I} 变为曲线 P_{II}。当转子运动到 δ_c 时，继电保护动作，切除了故障，电磁功率特性曲线 P_{II} 变为曲线 P_{III}。此时，电磁功率又发生突变，从 c 点上升到 e 点，而发电机的工作点将仍沿着曲线 P_{III} 运行。

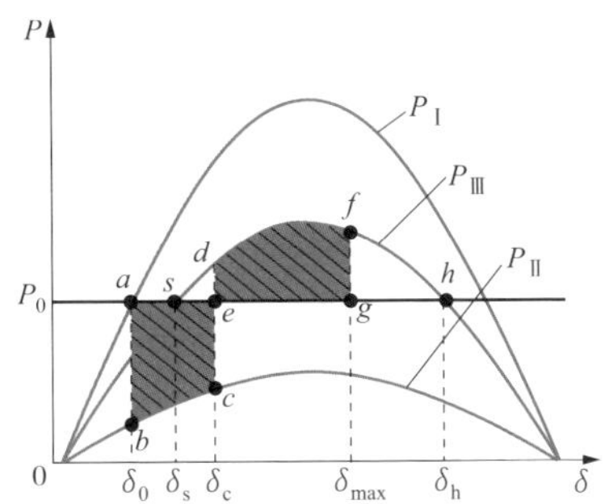

图 7–7　简单电力系统功率特性曲线

正常运行情况下，系统运行在功角特性曲 P_{I} 线上，若原动机输入功率为 $P_m=P_0$（见图 7–7 中直线），发电机的工作点为点 a，与此对应的功角为 δ_0。

发生短路故障瞬间，由于转子具有惯性，功角不能突变，发电机输出的电磁功率（即工作点）应由 P_{II} 上对应于 δ_0 的点 b 确定，设其值为 $P_{(0)}$。这时原动机的功率 P_m 仍保持不变，那么，故障后发电机机械功率大于电磁功率，于是出现了过剩功率 $\Delta P_{(0)}=P_m-P_e=P_0-P_{(0)}>0$，呈加速性状态。在加速性过剩功率作用下，发电机转速升高，功角 δ 开始增大。发电机的工作点将沿着 P_{II} 由点 b 向点 c 移动。在变动过程中，随着 δ 的增大，发电机的电磁功率也增大，过剩功率则减小，但过剩功率仍是加速性的，所以 $\Delta\omega$ 不断增大。

如果在功角为 δ_c 时，故障线路被切除，在切除瞬间，由于功角不能突变，发电机的工作点便转移到 P_{III} 上对应 δ_c 的点 d。此时，发电机的电磁功率大于原动机的功率，过剩功率 $\Delta P_{(0)}=P_m-P_e<0$，呈减速性状态。在减速性过剩功率作用下，发电机转速开始降低，虽然相对速度 $\Delta\omega$ 开始减小，但它仍大

于零，因此功角继续增大，工作点将沿 P_{III} 由点 d 向点 f 变动。发电机则一直受到减速作用而不断减速。

如果到达 f 点时，发电机恢复到同步速度，即 $\Delta\omega=0$，则功角 δ 达到最大值 $\delta_{\max}$。虽然此时发电机恢复了同步，但由于功率平衡尚未恢复，所以不能在点 f 确立同步运行的稳态。发电机在减速性不平衡转矩的作用下，转速继续下降至低于同步速度，相对速度为负值，即 $\Delta\omega<0$，于是功角 δ 开始减小，发电机工作点将沿 P_{III} 由点 f 向点 d、s 变动。

此后发电机的工作点将沿 P_{III} 曲线在点 s 附近来回移动，最后在点 s 上稳定运行。也就是说，系统在大扰动下保持了暂态稳定。

如果故障切除较慢，有可能到点 h 发电机转速尚未降到同步速，这时随着 δ 增大，发电机工作点越过点 h 后机械功率将大于电磁功率，发电机将不断加速，最终导致失去同步，系统则无法保持暂态稳定。

发电机电磁功率运动轨迹见表 7–3。

表 7–3　　发电机电磁功率运动轨迹

暂态稳定状态过程	准点	发电机过剩功率 $\Delta P_{(0)}=P_m-P_e$	运动过程分析
正常状态	a	$\Delta P_{(0)}=0$	正常运行时，系统运行在功角曲线的 P_{I} 的点 a 上，对应的功角为 δ_0
故障状态	b	$\Delta P_{(0)}>0$	短路瞬间，发电机的工作点突变至功角曲线 P_{II} 上的点 b，对应的功角为 δ_0
	c	$\Delta P_{(0)}>0$	在加速性过剩功率作用下，发电机获得加速，发电机的工作点将沿着 P_{II} 由 b 点向 c 点移动，对应的功角为 δ_c
故障切除	d	$\Delta P_{(0)}<0$	在功角为 δ_c 时线路故障被切除，在切除瞬间，发电机的工作点突变至功角曲线 P_{III} 上对应 δ_c 的 d 点
	f	$\Delta P_{(0)}<0$	减速性过剩功率作用下，发电机转速开始降低，工作点将沿 P_{III} 运动，在 f 点时，发电机恢复到同步速度
	s	$\Delta P_{(0)}=0$	发电机沿着 P_{III} 曲线来回振荡，最后在点 s 上稳定运行
	h	$\Delta P_{(0)}=0$	发电机沿着 P_{III} 曲线运动，在到达点 h 点时发电机尚未降到同步速，这时随着 δ 增大，越过 h 点后机械功率大于电磁功率，发电机仍在不断加速，最终导致发电机失去同步

从前面的分析可知，在功角由 δ_0 变化到 δ_c 的过程中，原动机输入的能量大于发电机输出的能量，多余的能量将使发电机转速升高并转化为转子的动能而储存在转子中；而当功角 δ_c 增大到 δ_{max} 时，原动机输入的能量小于发电机输出的能量，不足部分由发电机转速降低而释放出的动能转化为电磁能来补充。

以图 7-5 为例，转子 δ_0 变化到 δ_c 的过程中，由于 $P_m-P_{II}>0$，所以转子转速升高，此时面积 A_{abcde} 称为加速面积，即转子动能的增量。转子由 δ_c 变化到 δ_{max} 的过程中，由于 $P_m-P_{III}<0$，所以转子转速下降，此时面积 A_{edfge} 称为减速面积。当功角达到 δ_{max} 时，$\omega=\omega_0$，那么发电机转子在减速过程中刚好将加速过程中增加的动能全部消耗完，即加速面积等于减速面积，即

$$A_{abcea}=A_{edfge} \tag{7-5}$$

这就是等面积原则。

最大可能的减速面积大于加速面积，是保持系统暂态稳定的基本条件。减速面积大小与故障切除时间或者切除角 δ_c 有很大关系。故障切除时间越短，δ_c 越小，则减速面积就越大，加速面积就越小。当故障切除角为某一角度 δ_{cr} 时，加速面积刚好等于最大减速面积，则 δ_{cr} 称为极限切除角。由此可见，缩短故障切除时间是提高电力系统暂态稳定性的重要措施。

应用等面积定则可以方便地确定 δ_{cr}，即

$$\int_{\delta_0}^{\delta_{cr}}\left(P_m-P_{II}\right)\mathrm{d}\delta=\int_{\delta_{cr}}^{\delta_h}\left(P_{III}-P_m\right)\mathrm{d}\delta \tag{7-6}$$

$$\delta_h=\pi-\arcsin\left(\frac{P_0}{P_{III\max}}\right) \tag{7-7}$$

由此可知

$$\delta_{cr}=\arccos\left[\frac{P_m\left(\delta_h-\delta_0\right)+P_{III\max}\cos\delta_h-P_{II\max}\cos\delta_0}{P_{III\max}-P_{II\max}}\right] \tag{7-8}$$

系统保持稳定运行的基本条件是要求故障切除角小于 δ_{cr}。对应的切除时间 t_{cr} 称为临界切除时间或极限切除时间。在工程实际应用中，极限切除时间较为直观，可通过转子运动方程求解而得。故障切除时间包括继电保护动作

时间和断路器动作跳闸时间的总和，因此，减少短路故障切除时间，应从改善断路器和继电保护这两个方面着手。

以上分析是假定了 P_0 为定值时，短路故障切除时间与暂态稳定之间的关系。当短路切除时间给定时，对于不同的正常输送功率 P_0，暂态稳定情况也是不同的。根据图 7–5 所示，随着 P_0 由小到大，加速面积 A_{abcea} 将增大，减速面积 A_{edfge} 将减小，系统将由能保持暂态稳定变为不能保持暂态稳定。我们把刚好保持暂态稳定时所能输送的最大功率，称为暂态稳定极限 P_{Tsl}。当短路地点和短路类型给定时，对不同的切除时间，可以得到不同的暂态稳定极限值。

【例 7–1】某简单电力系统结构如图 7–8 所示，所有参数均为标幺值，并已按统一的基准值进行了归算，发电机有比例式自动励磁调节装置，且近似保持 E' 恒定，当线路 L2 始端发生两相（相间）短路时，求为保持暂态稳定而要求的极限切除角 δ_{cr}。

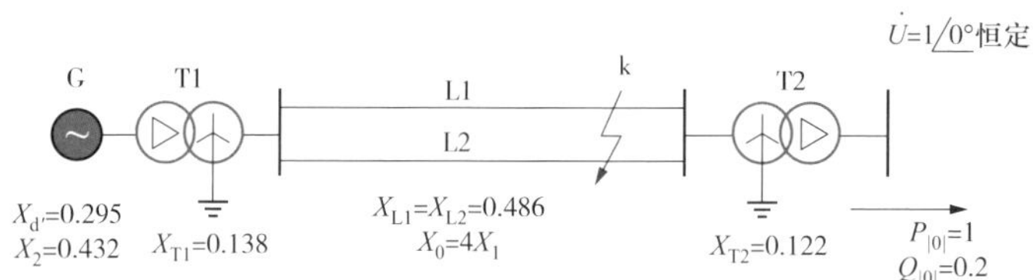

图 7–8　某简单电力系统接线图

解：（1）系统正常运行时的等值电路如图 7–9 所示。

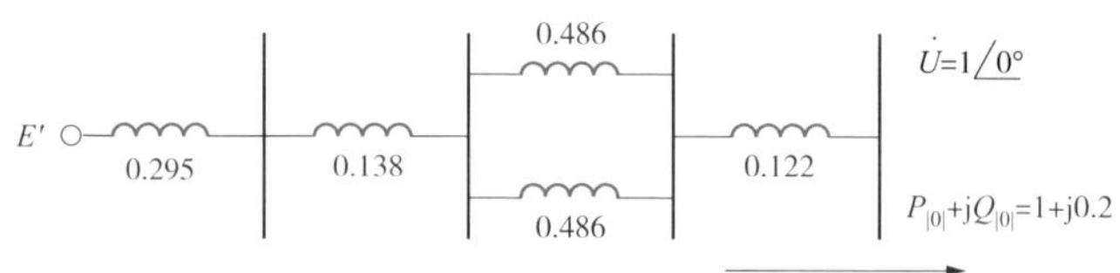

图 7–9　系统正常运行时的等值电路

此时，系统总电抗为

$$X_{\mathrm{I}d\Sigma}=X_d'+X_{T1}+\frac{1}{2}X_L+X_{T2}=0.295+0.138+\frac{0.486}{2}+0.122=0.798$$

发电机电动势为

$$E'=\sqrt{\left(U+\frac{Q_{|0|}X}{U}\right)^2+\left(\frac{P_{|0|}X}{U}\right)^2}=\sqrt{\left(1+\frac{0.2\times0.798}{1}\right)^2+\left(\frac{1\times0.798}{1}\right)^2}=1.41$$

$$\delta_0=\arctan\frac{\delta U}{U+\Delta U}=\arctan\frac{0.798}{1+0.2\times0.798}=34.53°$$

（2）系统发生两相（相间）短路故障的等值电路如图 7–10 所示。

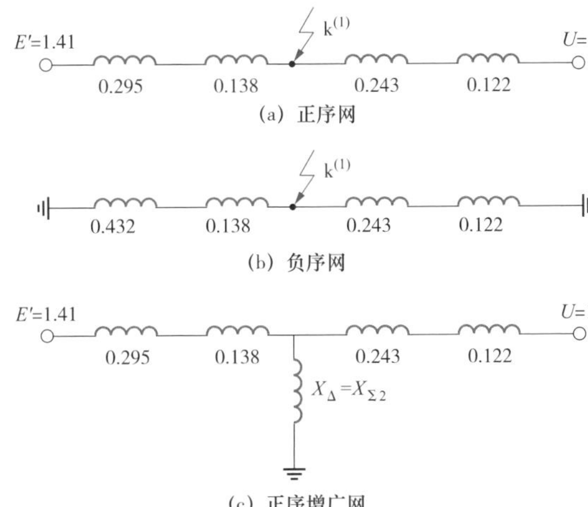

图 7–10　系统发生两相（相间）短路时的等值电路

$$x_{\Sigma2}=(0.432+0.138)//(0.243+0.122)=0.222$$

$$x_\Delta=0.222$$

短路故障时发电机与系统间的转移电抗为

$$\begin{aligned}X_{\mathrm{II}}&=X_d'+X_{T1}+\frac{1}{2}X_L+X_{T2}+X_\Delta'\\&=0.295+0.138+0.243+0.122+\frac{(0.295+0.138)\times(0.243+0.122)}{0.222}\\&=1.510\end{aligned}$$

短路故障时的极限稳态功率为

$$P_{\text{IImax}}=\frac{E'U}{x_{\text{II}}}=\frac{1.41\times 1}{1.510}=0.934$$

（3）切除故障后等值电路如图 7-11 所示。

E'=1.41　0.295　0.138　0.486　0.122　U=1

图 7-11　故障切除后的等值电路

此时系统的总电抗为

$$X_{\text{III}}=X_{\text{d}}'+X_{\text{T1}}+X_{\text{L}}+X_{\text{T2}}=0.295+0.138+0.486+0.122=1.041$$

短路故障切除后的极限稳态功率为

$$P_{\text{IIImax}}=\frac{E'U}{x_{\text{III}}}=\frac{1.41\times 1}{1.041}=1.35$$

暂态过程中系统保持稳定的最大摇摆角为

$$\delta_{\text{h}}=180^{\circ}-\arcsin\frac{P_0}{P_{\text{IIImax}}}=180^{\circ}-\arcsin\left(\frac{1}{1.35}\right)=132.2^{\circ}$$

（4）求极限切除角。

$$\begin{aligned}\delta_{\text{cr}}&=\arccos\left[\frac{P_{\text{m}}\left(\delta_{\text{h}}-\delta_0\right)+P_{\text{IIImax}}\cos\delta_{\text{h}}-P_{\text{IImax}}\cos\delta_0}{P_{\text{IIImax}}-P_{\text{IImax}}}\right]\\&=\frac{1\times\dfrac{\pi}{180}\left(132.2-34.53\right)+1.35\times\cos 132.2^{\circ}-0.934\times\cos 34.53^{\circ}}{1.35-0.934}\\&=0.0682\end{aligned}$$

折算成角度后，有

$$\delta_{\text{cr}}=86.09^{\circ}$$

7.4 电网输电断面潮流控制原则

现代电网规模庞大而且结构复杂，对于大型系统，将整个电网划分成若干区域来管理和分析是十分必要的。连接两个区域间的一组输电线构成了运行监视和电网分析的一个输电断面。只有准确地掌握各个断面的输送能力，才能在保证系统安全运行的前提下，最大限度满足各区域的负荷要求。电力系统运行规则一般在特定输电断面上制定，以实现对复杂电力系统的降维控制。

7.4.1 电网输电断面

在实际电力系统中，电网调度人员往往根据地理位置，将联络电源中心与负荷中心的若干线路选为一个输电断面。目前，输电断面较为规范的定义为：在某一基态潮流下，有功潮流方向相同且电气距离相近的一组输电线路的集合称为输电断面。

电网输电断面有如下特点：

（1）断面应是电网的一个最小割集。

（2）断面中支路的有功潮流方向一致。

（3）构成断面的支路间联系紧密，相互之间的开断灵敏度较大。当构成输电断面的某一电气设备发生故障（或计划检修）退出运行时，将引起潮流在断面中的重新分配，并可能导致断面中其他部分电气设备潮流增大。

因此，输电断面控制是调控运行的重要任务之一。运行中值班调控员应控制线路或输电断面不超过稳定控制限额，尤其要重视“*N*–1”情况下潮流不超过设备的热、动稳定极限。实际中校验电力系统安全性时，应采用电力系统静态稳定分析的“N–1”原则，逐个无故障断开线路、变压器等元件，检查其他元件是否因此过负荷和电压越限，以此检验电网结构强度和运行方式是否满足安全运行要求。

7.4.2 电力系统“N–1”原则

正常运行方式下电力系统中任一元件（如发电机、交流线路、变压器、直流单极线路、直流换流器等）无故障或因故障断开时，电力系统应能保持稳定运行和正常供电，其他元件不过载，电压和频率均在允许范围内，这通常称为“N–1”原则。

“N–1”原则用于电力系统静态安全分析（任一元件无故障断开）或动态安全分析（任一元件故障后断开的电力系统稳定性分析）。当发电厂仅有一回送出线路时，送出线路故障可能导致失去一台以上发电机组，此种情况也按“N–1”原则考虑。

电力系统的安全稳定标准

扰动的大小及持续时间，电网结构及运行方式，电力系统各元件参数，电力系统保护及控制系统的性能等，对电力系统稳定有很大影响。在电力系统运行中，关心的主要问题是电力系统遭受扰动后的行为，以及电力系统所能承受的扰动大小。一般地说，如果抗干扰能力差，则说明电网比较薄弱、供电可靠性差；反之，如果抗干扰能力强，则说明电网比较坚强，但相应电网建设的资金投入也会比较高。显然，电网抗干扰能力太低不利于电网安全稳定运行，抗干扰能力太高会导致电网过度投资，经济性差。制定电网抗干扰能力标准是一项很强的技术经济政策问题，GB 38755—2019《电力系统安全稳定导则》规定了我国电力系统必须达到的安全稳定标准。

下面分别对电力系统的静态稳定储备标准，电力系统承受大扰动能力的安全稳定标准，电力系统安全稳定计算分析的任务与要求进行说明。

7.5.1 电力系统的静态稳定储备标准

在正常运行方式下，对不同的电力系统，要求按功角判据计算的静态稳定储备系数 K_p 应为 15%~20%，按无功电压判据计算的静态稳定储备系数 K_V 应为 10%~15%；在故障后运行方式和特殊运行方式下，K_p 不得低于 10%，K_V 不得低于 8%。

静态稳定储备系数计算公式为

$$K_p = \frac{P_M - P_0}{P_0} \times 100\% \tag{7-9}$$

$$K_V = \frac{U_0 - U_{cr}}{U_0} \times 100\% \tag{7-10}$$

式中：P_M 为线路的静态稳定极限传输功率；P_0 为线路的正常传输功率；U_0 为母线的正常电压；U_{cr} 为母线的极限电压。

7.5.2 电力系统承受大扰动能力的安全稳定标准

电力系统承受大扰动能力的安全稳定标准分为三级。

第一级标准：保持稳定运行和电网的正常供电，即在正常运行方式下的电力系统受到单一元件故障扰动后，保护、断路器及重合闸装置正确动作，不采取稳定控制措施，必须保持电力系统稳定运行和电网的正常供电，其他元件不超过规定的事故过负荷能力，不发生连锁跳闸。

第二级标准：保持稳定运行，但允许损失部分负荷，即正常运行方式下的电力系统受到较严重的故障扰动后，保护、断路器及重合闸装置正确动作，应能保持稳定运行，必要时允许采取切机和切负荷、直流紧急功率控制、抽水蓄能电站切泵等稳定控制措施。

第三级标准：电力系统不能保持稳定运行时，必须尽量防止系统崩溃并减小负荷损失，电力系统因严重故障导致稳定破坏时，必须采取失步 / 快速解列、低频 / 低压解列、高频切机等措施，避免造成长时间大面积停电和对最重要用户（包括厂用电）的灾害性停电，使负荷损失尽可能减少到最小，电力系统应尽快恢复正常运行。

7.5.3 电力系统安全稳定计算分析的任务与要求

电力系统安全稳定计算分析的任务是确定电力系统的静态稳定、暂态稳定和动态稳定水平，分析和研究提高安全稳定的措施，研究非同步运行后的再同步以及事故后的恢复策略。在进行电力系统安全稳定计算分析时，应针对具体校验对象（线路、母线等），选择正常运行方式、事故后运行方式和特殊运行方式中，对安全稳定最不利的情况进行安全稳定校验。计算分析中应使用合理的模型和参数，以保证满足所要求的准确度。在互联电力系统稳定分析中，对所研究的系统原则上应予保留并详细模拟，对外部系统可进行必要的等值简化。

1. 电力系统静态安全分析

电力系统静态安全分析指应用“*N*–1”原则，逐个无故障断开线路、变压器等元件，检查其他元件是否过负荷，电网是否出现电压越限，用以检验电网结构强度和运行方式是否满足安全稳定运行要求。

2. 电力系统静态稳定的计算分析

电力系统静态稳定计算分析包括静态功角稳定和静态电压稳定计算分析，其目的是应用静态稳定判据，确定电力系统的稳定性和输电断面（线路）的输送功率极限，检验在给定方式下的稳定储备。对于大电源送出线、跨大区或省网间联络线、网络中的薄弱断面等需要进行静态稳定计算分析。

3. 电力系统暂态功角稳定的计算分析

电力系统暂态功角稳定计算分析是指在规定的运行方式和故障形态下，对系统稳定性进行校验，并对继电保护和自动装置以及各种措施提出相应的要求。暂态功角稳定的判据是电网遭受每一次大扰动后，引起电力系统各机组之间功角相对增大，在经过第一或第二个振荡周期不失步，作同步的衰减振荡，系统中枢点电压逐渐恢复。

4. 电力系统动态功角稳定的计算分析

电力系统动态功角稳定计算分析是指在规定的运行方式和扰动形态下，对系统的动态稳定性进行校验，确定系统中是否存在负阻尼或弱阻尼振荡模式，同时对系统中敏感断面的潮流控制，提高系统阻尼特性的措施，并网机组励磁及其附加控制，调速系统的配置和参数优化，以及各种安全稳定措施提出相应的要求。动态功角稳定的判据是在电力系统受到小扰动或大扰动后，在动态摇摆过程中发电机相对功角和输电线路功率呈衰减振荡状态，阻尼比达到规定的要求。

5. 电力系统电压稳定的计算分析

电力系统中经较弱联系向受端系统供电或受端系统无功电源不足时，应进行电压稳定性校验。静态电压稳定计算分析采用逐渐增加负荷（根据情况采用按照保持恒定功率因数、恒定功率或恒定电流的方法按比例增加负荷）的方法求解电压失稳的临界点（用 $dP/dU=0$ 或 $dQ/dU=0$ 表示），从而估计当前运行点的电压稳定裕度。暂态电压稳定的判据是在电力系统受到扰动后的暂态和动态过程中，负荷母线电压能够恢复到规定的运行电压水平以上。

6. 电力系统频率稳定的计算分析

当系统的全部（或解列后的局部）出现频率振荡，或是因较大的有功功率扰动造成系统频率大范围波动时，对系统的频率稳定性进行计算分析，并对系统的频率稳定控制对策（包括调速器参数优化、低频减载负荷方案、低频解列方案、高频切机方案、超速保护控制策略、直流调制）等安全稳定措施提出相应的要求。频率稳定的判据是系统频率能迅速恢复到额定频率附近继续运行，不发生频率持续振荡或频率崩溃，也不使系统频率长期处于某一过高或过低的数值。

7. 电力系统短路电流的计算分析

短路电流计算是指在电力系统发生短路时，对短路电流交流分量和直流分量衰减情况进行计算分析。短路故障的形式应分别考虑三相短路故障和单相接地故障，短路应考虑金属性短路。短路电流安全校核的判据是母线短路电流水平不超过断路器开断能力和相关、设备设计的短路电流耐受能力。

7.6 提高电力系统稳定性的措施

7.6.1 提高电力系统稳定性的一般原则

随着电力系统的发展，输电距离和输送容量大大增加，输电系统的稳定问题更显突出。可以说，电力系统稳定性是限制交流远距离输电的输送距离和输送能力的一个决定性因素。在电力系统的规划设计和实际运行中，都必须进行稳定性校验，在不满足要求时，应采取必要的措施，确保系统具有符合规定的稳定性。本节以 GB 38755—2019《电力系统安全稳定导则》规定的安全稳定标准为依据，介绍提高电力系统稳定性相关措施。

从静态稳定分析可知，不发生自发振荡时，电力系统具有较高的功率极限，一般也就具有较高的运行稳定裕度。从暂态稳定分析可知，电力系统受大扰动后，发电机轴上出现的不平衡转矩将使发电机转子的相对位置发生变化；当发电机的相对功角差的振荡超过一定限度时，发电机便会失去同步。由此得出，提高电力系统稳定性和输送能力的一般原则是：尽可能地提高电力系统的功率极限；抑制自发振荡的发生；尽可能减少发电机相对运动的振荡幅度。

简单电力系统功率极限的计算公式为

$$P_{\mathrm{m}}=\frac{EU}{X} \tag{7-11}$$

由此可知，要提高电力系统的功率极限，应从提高发电机的电动势 E，减小系统电抗 X，提高稳定系统电压 U 等方面着手。

抑制自发振荡，主要是根据系统情况恰当地选择励磁调节系统的类型和整定其参数。要减小发电机转子相对运动的振荡幅度，提高暂态稳定，应从减小发电机转轴上的不平衡功率、减小转子相对加速度以及减少转子相对动能变化量等方面着手。

根据上述一般原则，提高电力系统稳定性可采取下述措施：

（1）改善电力系统基本元件的特性和参数。原动机及其调节系统、发电机及其励磁系统、变压器、输电线路、开关设备和保证电力系统无功平衡的补偿设备，都是电力系统的基本元件。这些基本元件的特性和参数对电力系统的稳定性有直接的、重要的影响。

（2）采用附加装置提高电力系统稳定性。装设专门用于提高电力系统稳定性和输送能力的附加装置。例如，输电线路设置中间开关站，输电线路采用串联电容补偿或设置 FACTS 装置，对发电机实行电气制动，改善继电保护特性等。

（3）改善电力系统运行方式及其他措施。对于运行中的电力系统，如能充分发挥现有系统的作用和工作人员的能动性，也可以使运行稳定性得到提高。例如，合理选择电力系统运行接线方式，正确安排潮流，提高系统运行电压，以及故障后切除部分发电机和部分负荷等，都是提高系统稳定性的有效措施。

此外，当电力系统遭受到极严重的故障而使稳定性受到破坏时，也应采取相关措施，尽可能减少因系统失去稳定而带来的影响和损失，尽快地恢复电力系统同步运行和正常供电。例如，允许发电机短时异步运行，采取措施促使再同步或系统解列等。

7.6.2 提高电力系统静态稳定的措施

根据简单电力系统功率极限的简单表达式 $P_m=\dfrac{EU}{X}$ 可知，提高输电线路的电压等级，减小系统电抗 X，提高发电机电动势，可提高输电系统的输送功率极限，从而提高简单电力系统的静态稳定性。

1. 提高输电线路的电压等级

输电线路的额定电压，是影响输送能力的重要因素，也影响到电能质量和电力系统的技术经济指标。从提高电力系统稳定性的角度来看，提高输电线路的额定电压是为了减小它的电抗。

简单电力系统中，用标幺值表示的功率极限为

$$P_m=\frac{EU}{X_G+X_T+X_L} \tag{7-12}$$

式中：X_G、X_T、X_L 分别为发电机、变压器和输电线路电抗值。

当基准电压 U_B 选为平均额定电压 U_{av}，变压器采用平均额定变比时，式（7–12）中各电抗的标幺值为

$$X_G=\frac{X_G\%}{100}\frac{S_B}{S_{GN}} \tag{7-13}$$

式中：S_B 为基准容量；S_{GN} 为发电机额定容量。

$$X_T=\frac{U_k\%}{100}\frac{S_B}{S_{TN}} \tag{7-14}$$

式中：S_{TN} 为变压器额定容量。

在实际计算中，平均额定电压 U_{av} 一般近似为线路额定电压 U_N，即

$$X_L=X_{L(\Omega)}\frac{S_B}{U_B^2}=X_{L(\Omega)}\frac{S_B}{U_{av}^2}\approx X_{L(\Omega)}\frac{S_B}{U_N^2} \tag{7-15}$$

式中：$X_{L(\Omega)}$ 为输电线路电抗的欧姆值。

由此可见，发电机电抗 X_G 和变压器电抗 X_T 的标幺值与输电线路的额定电压无关。输电线路电抗的欧姆值 $X_{L(\Omega)}$ 与输电线路的额定电压关系不大。因此，输电线路电抗的标幺值几乎与它的额定电压的平方成反比。式（7–12）可简写为

$$P_m=\frac{EU}{a+b/U_N^2} \tag{7–16}$$

$$a=X_G+X_T, b=X_{L(\Omega)}S_B$$

当 U_N 变化时，功率极限的变化为

$$U_N\to 0，P_m\to 0$$

$$U_N\to\infty，P_m\to EU/a$$

功率极限与输电线路额定电压的关系如图 7–12 所示。

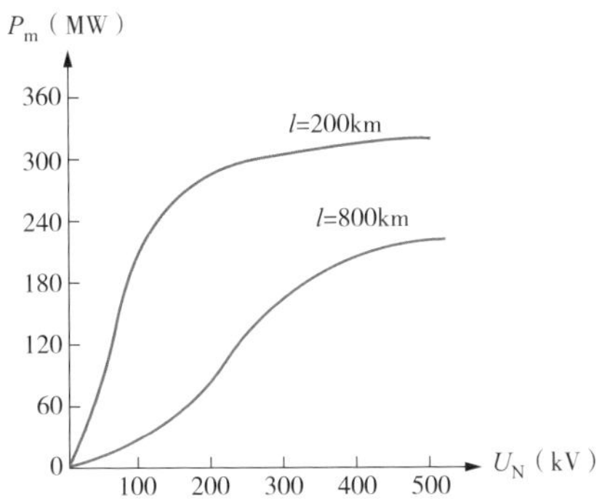

图 7–12　功率极限与输电线路额定电压的关系

由图 7–12 可知，提高输电线路的额定电压来提高功率极限的方法是有一定限度的，超过此限度后提高功率极限的效果便不明显了。输电线路越长，功率极限接近最大可能值所对应的额定电压值也越高，这也是远距离输电采用超高压甚至特高压的原因。

2. 减小输电线路的电抗

（1）改善输电线路和导线结构。例如，采用紧凑型输电线路，改变输电线每相单根导线的传统结构，采用分裂导线结构，都可以减小输电线路的电

抗和电晕损耗。同时，可以采用标准截面的导线。目前，超高压远距离输电线路，绝大多数采用分裂导线结构，从而提高线路的自然功率。

（2）减小变压器的电抗。变压器的电抗在系统总电抗中占有相当的比重，因此减小变压器的电抗，进而减小系统的总电抗，从而提高电力系统输送功率极限，对提高电力系统稳定性具有一定作用。目前，在超高压远距离输电系统中，广泛采用电抗较小的自耦变压器。

（3）采用串联电容补偿装置，缩短线路的电气距离。利用电容与输电线路感抗相反的性质，在输电线路上串联接入电容器来减小线路的等值电抗，这种做法称为串联电容补偿。接入串联电容后，输电线路的等值电抗为

$$X_{\mathrm{Leq}} = X_{\mathrm{L}} - X_{\mathrm{C}} = X_{\mathrm{L}}\left(1 - k_{\mathrm{C}}\right) \tag{7-17}$$

式中：k_{C} 为增大补偿度，$k_{\mathrm{C}}=X_{\mathrm{C}}/X_{\mathrm{L}}$。

虽然该方法能减小输电线路的等值电抗，提高电力系统稳定性，但是，选择补偿度时还应考虑到下述一些技术经济方面的问题。

首先，考虑经济性。串联电容器补偿装置的容量为

$$Q_{\mathrm{C}} = 3I^2 X_{\mathrm{C}} = 3I^2 k_{\mathrm{C}} X_{\mathrm{L}} \tag{7-18}$$

式中：I 为通过补偿装置的电流。补偿度增大时，所需的补偿装置容量增加，因而投资增大。

其次，该考虑继电保护正确动作的条件。为了保证反映短路时的电压、电流的大小及其相位关系的继电保护正确动作，通常认为，电容器的容抗应小于与电容器相连接的一段线路的感抗。

由式（7-17）可知，补偿度 k_{C} 越大，线路等效电抗越小，更有利于提高稳定性，但补偿度过大时容易引起系统自发性低频振荡和短路电流增大等问题。因此，通常用于提高稳定性的串联电容器补偿的补偿度应小于 0.5。串联电容器补偿一般采用集中补偿。对于双电源线路串联电容器装于中点，对于单电源线路装于末端。

3. 提高发电机的电动势

（1）采用控制系统整体运行方式及其元件的自动装置。例如，同步发电

机采用强励式自动励磁调节装置，可提高励磁响应速度。

（2）采用可控并联电抗器和静止无功补偿装置。输电线路电容会产生大量的无功功率，在空载或轻载的情况下可能引起线路末端电压过分升高，发电机可能产生自励磁等情况，还会使发电机运行的功率因数升高。为使系统电压保持在要求的范围内，发电机的电动势将要降低，因而使电力系统的功率极限减小，运行角度增大，这些对保持系统稳定都是不利的。

为了改善这种情况，可以在线路上并联电抗器来吸收线路电容所产生的无功功率。此时，发电机可以在较低且滞后的功率因数下运行。发电机的电动势大大提高，运行功角减小，使系统稳定性得到提高。

7.6.3 提高电力系统暂态稳定的措施

提高电力系统暂态稳定可以从缩短干扰时间，增加系统承受扰动的能力，减少扰动后功率差额等方面着手，可采取的措施主要有以下几个方面。

1. 利用继电保护实现快速切除故障

快速切除短路故障，除了能减轻电气设备因短路电流产生的热效应等不良影响外，对于提高电力系统暂态稳定性，还有着决定性的意义。如图 7–13 所示，根据单机等面积原则，快速切除短路故障，可减小切除角 δ_c，这样既减小了加速面积，又增大了可能的减速面积，从而提高了系统的暂态稳定性。

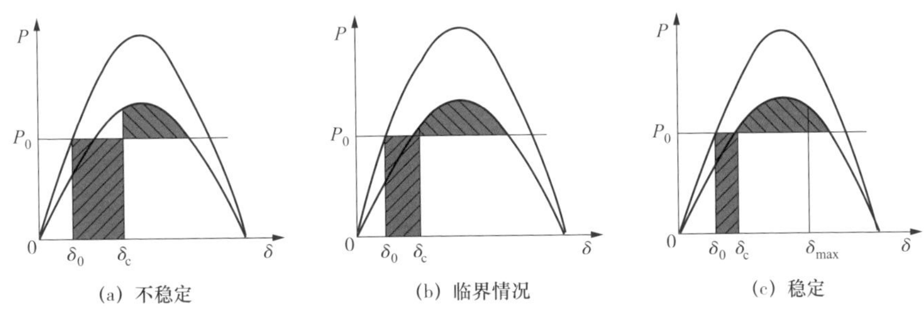

图 7–13 快速切除短路对暂态稳定的影响

2. 线路采用自动重合闸

电力系统中，架空输电线路的短路故障大多数是由闪络放电造成的。故障线路切断后，经过一段电弧熄灭和空气去游离的时间，短路故障便可完全消失。这时，如果将线路重新投入系统，系统便能继续正常工作。这种可重新投入输电线路的自动装置，称为自动重合闸装置。

现用等面积原则说明自动重合闸对暂态稳定的影响。

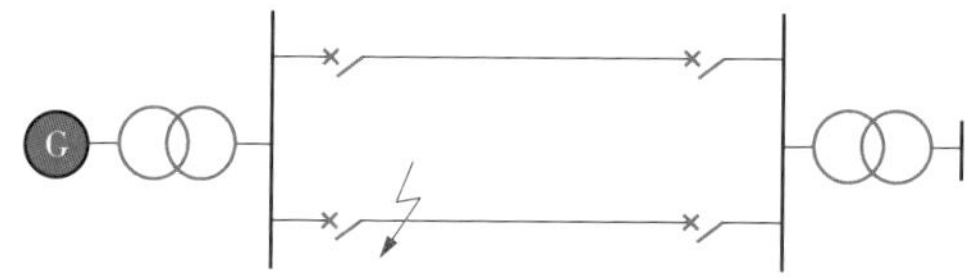

图 7–14　简单电力系统结构图

图 7–14 所示电力系统，$t=0$ 时一回输电线路首端发生某种形式的短路故障，$t=t_c$ 时切除故障线路，$t=t_R$、功角为 δ_R 时重合闸装置动作，将故障线路合上。如果故障由瞬时性原因造成，短路发生后即消失，则重合闸成功，系统恢复到原运行状态双回线运行。由图 7–15（a）可知，此时的减速面积增加，因而有利于系统的暂态稳定。

如果不是瞬时性故障，短路的根源依然存在，则重合闸不成功，$t=t_{Rc}$ 时再度切除故障线路，这一过程如图 7–15（b）所示。此时系统能否稳定，取决于重合闸时间和再切除时间的长短，可以再次用等面积原则进行判断。

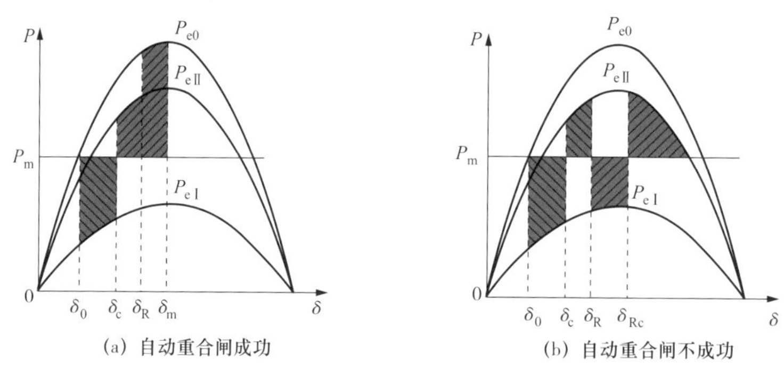

图 7–15　自动重合闸时的功角特性曲线

电力系统的短路故障，特别是高压电网的短路故障，绝大多数是单相短路故障。因此，发生单相短路时，无需将三相导线都从电网中切除，可通过继电保护装置的选择判断，只切除故障相，并采用重合闸，可以进一步提高电力系统暂态稳定性。

两相或三相短路故障往往不是闪络放电大多为永久性故障，例如线路绝缘被破坏、外物引起短路等，重合闸时系统会再次受到短路故障的冲击，这将大大恶化，甚至破坏系统稳定性。因此，一般发生两相或三相短路故障时不启动重合闸装置，以避免系统发生稳定性破坏的严重事故。

3. 优化电网接线的方法

（1）输电线路设置开关站。对双回路的输电线路，故障切除一回后线路阻抗将增大一倍，故障后的功率极限要降低很多，对系统的暂态稳定和故障后的静态稳定都不利。因此，可在线路中间设置开关站（见图 7–16），将线路分成几段，故障时仅切除一段线路，则线路阻抗就增加得较少。由式（7–11）可知，减少线路阻抗将增大电力系统功率极限，从而提高电力系统暂态稳定性。

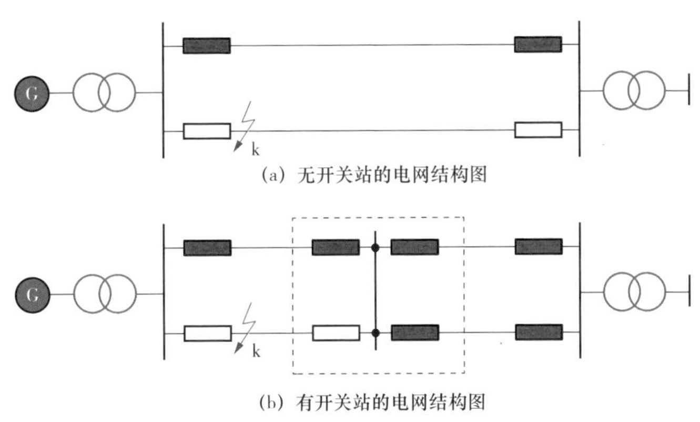

(a) 无开关站的电网结构图

(b) 有开关站的电网结构图

图 7–16　输电线路结构变化

（2）变压器中性点经小电抗接地。对于中性点直接接地的电力系统，为了提高接地短路（两相短路接地、单相接地）时的暂态稳定，变压器中性点可经小电抗接地。变压器中性点接入小电抗后，可以增大零序组合电抗，减小短路状态下的转移阻抗，提高功率特性，有利于系统暂态稳定。

（3）合理选择电力系统的运行接线方式。接线方式对电力系统运行的稳定性有很大影响。例如，在电力系统中发电厂向系统中心输电常常采用多回输电方式，可以选择并联接线和分组接线两种方式。如图 7–17 所示，当断路器 QF1、QF2 合上时为并联接线方式，断路器 QF1、QF2 断开时为分组接线方式。

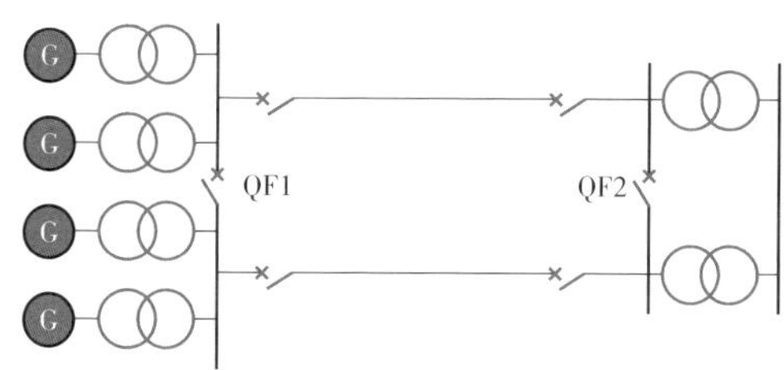

图 7–17　电力系统的运行接线方式

如果两种接线方式下发电机输出的功率相同，从静态稳定来说两种接线方式是一样的。但从暂态稳定来说两种接线方式是有区别的。

并联接线方式的主要优点是，一回路因故障被切除后，仍能通过另一回路把功率送到系统中去，系统不会失去电源。其主要缺点是，线路送端发生短路故障时，所有发电机都要受到很大扰动，增加了保持暂态稳定的困难，而且还可能因非故障线路的过负荷而导致事故的扩大；保持暂态稳定必须限制输送功率。

分组接线方式发生短路时，对无故障组的影响很小，可大大改善暂态稳定性。但分组接线在线路故障之后，由于线路被切除，系统因而失去部分电源。如果系统有功备用容量不足，会使系统出现较大的功率缺额，从而导致部分用户供电中断。

上述两种接线方式应根据具体情况合理选择。

4. 合理选择电网安全自动装置

电力系统安全自动装置是指用于防止电力系统失去稳定和避免电力系统发生大面积停电的自动安全装置。例如自动重合闸，备用电源和备用设备自动投入，自动联切负荷，自动低频（低压）减负荷，事故切机，电气制动，自动解列，振荡解列，以及自动快速调节励磁装置等。

上海电网中主要装设了如下安全自动装置，其作用是：

（1）自动低频减负荷装置。为了提高供电质量，保证重要用户供电的可靠性，当系统中出现有功功率缺额引起频率下降时，可根据频率下降的程度自动断开一部分不重要的用户，阻止频率下降，以使频率迅速恢复到正常值的装置，称为自动低频减负荷装置。该装置不仅可以保证重要用户的供电，而且可以避免频率下降引起的系统瓦解事故。

（2）切负荷装置。为了解决与系统联系薄弱地区的正常受电问题，在主要薄弱地区变电站安装切负荷装置。当小地区故障与主系统失去联系时，切负荷装置动作切除部分负荷，以保证区域发供电的平衡，也可以保证当一回联络线掉闸时，其他联络线不过负荷。

（3）切机装置。切机装置的作用是保证电网故障后线路输电通道载流元件不严重过负荷，使解列后的小地区频率不会过高，保持功率基本平衡，同时可以提高系统稳定极限。

7.7 电力系统在线稳定性实际应用分析

随着现代电力系统规模的扩大，电力系统的安全稳定性变得越来越重要，局部的电网扰动也可能会导致大面积的连锁故障，提高电力系统安全稳定分析技术成为保障电力系统安全稳定运行的重要手段之一。电力系统稳定性分析方法随着科技水平发展而不断进步，正在由传统的离线计算向在线计算的过渡。

目前，上海电网在线安全分析系统属于调度D5000平台实时监控与预警类应用，依托电网运行信息，采用多计算机并行计算等技术，对实时态、研究态电网的安全稳定水平进行评估分析，并对电网运行的静态稳定、暂态稳定、短路电流、小干扰稳定、电压稳定和稳定裕度六个方面进行评估和分析，计算电网的安全稳定裕度。

在线安全分析的六大类计算中，静态稳定、短路电流和暂态稳定三类分析计算评估结果较为贴合上海实际电网运行情况，以下就静态稳定和暂态稳定计算举例分析。

7.7.1 在线安全静态稳定分析

在线安全分析系统中的静态稳定分析是应用 *N*–1 原则，逐个无故障断开线路、变压器、母线等元件，检查设备是否过载、断面功率是否越限。由于不涉及元件动态特性和电力系统的动态过程，静态稳定分析实质上是电力系统运行的稳态分析问题，即潮流问题。本节以调整电网方式，计算潮流分配情况。

1. 案例背景

A 站 500kV 1、2 号主变压器同停进行检修工作（A 站 500kV 正常运行方式为 4 台主变压器运行），因 A 分区内所供负荷较大并涉及重要供电区域，为确保设备检修期间 A 分区安全稳定经济运行，在设备检修停役前，利用在线安全稳定分析计算开展静态稳定分析。根据校核结果，选择较为合理的电网方式调整，避免电网风险。

2. 运行方式调整思路

因 A 分区 500kV 只剩两台主变压器作为对外联络电源点，为合理优化调整 A 站 500kV 主变压器下送潮流以便事故处理，考虑采取 A 分区 220kV 与相邻分区合环运行的方式，与 A 分区相邻的分区有 B 分区、C 分区（见图 7–18）。如何择优选择合理的分区合环，则需要进行在线静态安全校核分析。

3. 静态安全校核分析

利用图形化操作对基础电网方式数据进行调整，A 变电站 500kV 两台主变压器停役后，A 分区分别与 B 分区、C 分区合环后的断面潮流计算结果如下：

（1）A 分区与 B 分区合环后的断面潮流比较见表 7–4。

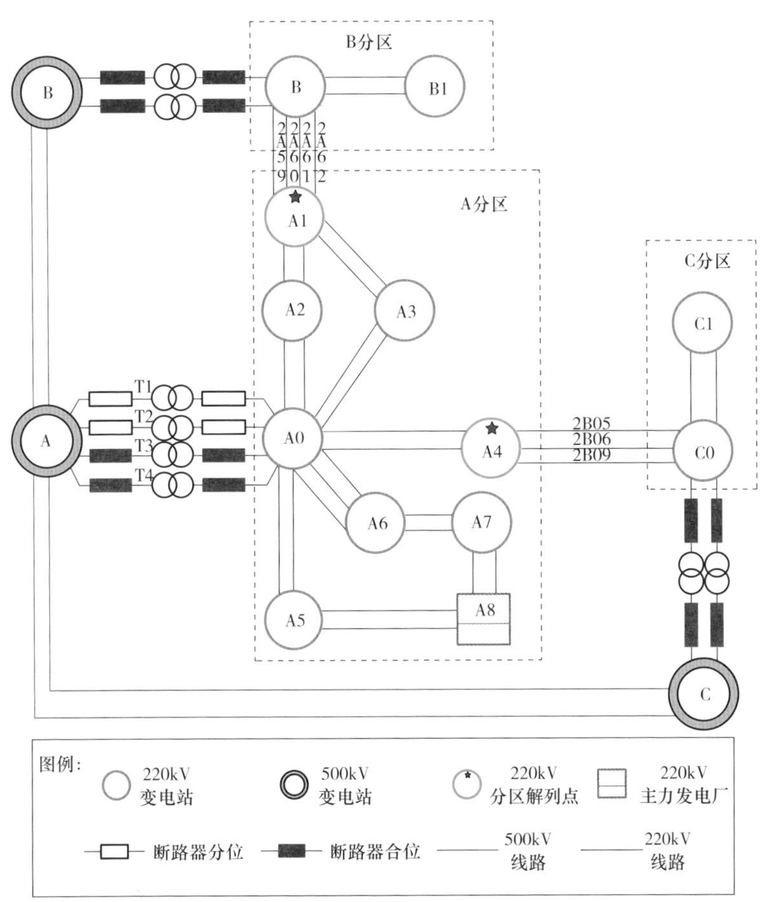

图 7-18 某电网电气接线图

表 7-4 A 分区与 B 分区合环后的断面潮流

重要断面	初始潮流（MW）	分区合环后潮流（MW）	断面稳定限额（MW）
2A59/2A60/2A61/2A62	88	431	2650
B 站 500kV 主变压器	372	715	1350
A 站 500kV 主变压器	1554	824	1350

表 7-4 中比较结果显示，采用 A 分区与 B 分区合环的方式调整，电网潮流可控，无断面潮流超稳定限额，A 变电站与 B 变电站 500kV 主变压器潮流分配较为合理。

（2）A 分区与 C 分区合环后的断面潮流比较见表 7-5。

表 7-5　　A 分区与 C 分区合环后的断面潮流

重要断面	初始潮流（MW）	分区合环后潮流（MW）	断面稳定限额（MW）
2B05/2B06/2B09	277	600	590
C 变电站 500kV 主变压器	408	690	1350
A 变电站 500kV 主变压器	1554	885	1350

表 7-5 中比较结果显示，采用 A 分区与 C 分区合环方式调整，A 变电站与 C 变电站 500kV 主变压器潮流分配均合理，但 2B05/2B06/2B09 三线断面潮流略超稳定限额，存在安全隐患。

4. 分析结论

经在线静态稳定计算，选择 A 分区与 B 分区合环，电网能够保证安全稳定运行。

7.7.2 在线安全暂态稳定分析

下面以某 500kV 主网一路线路通道故障为例，说明暂态稳定分析的具体应用，主要是校核电网严重故障后暂态功角稳定。

1. 在线暂稳故障设置

500kV 主网接线图如图 7-19 所示，图中 A~K 为 500kV 变电站；P、Q、M 为 500kV 发电厂，5133、5134 为 500kV 输电线路。当 A 变电站与 B 变电站联络通道 5133/5134 双线故障时，利用在线安全稳定分析工具对主网暂态稳定进行校验分析，暂稳故障设置见表 7-6。

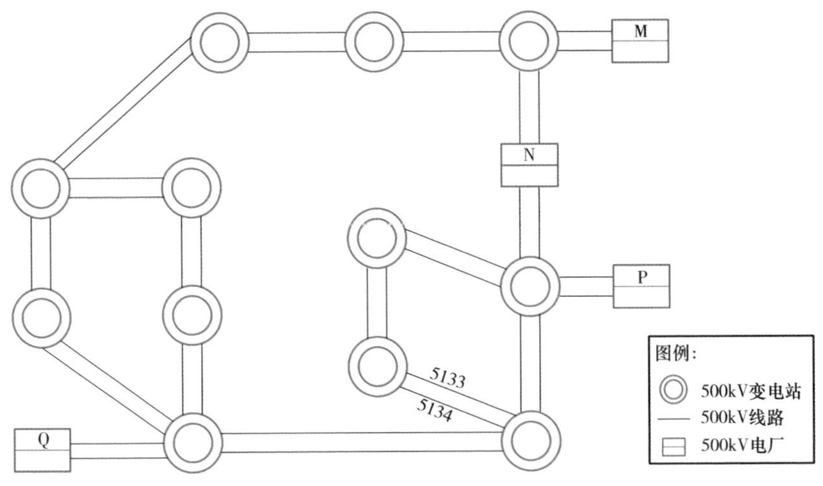

图 7–19 500kV 主网接线图

表 7–6 暂稳故障设置

故障元件	故障时序	故障描述	安控动作	是否稳定
5133 线 +5134 线	0s 故障，0.09s 首端跳闸，0.1s 末端跳闸	5133 线、5134 线 *N*–2 故障	否	暂态稳定

对于暂态功角稳定，主网 *N*–2 故障后发电机功角变化曲线逐步趋于收敛并保持稳定，如图 7–20、图 7–21 所示。

2. 在线暂稳分析结果

根据表 7–6 中“安控动作”“是否稳定”选项结果，可确认未发现暂态失稳。

故障发生后发电机功角变化曲线逐步趋于收敛并保持稳定（如图 7–20、图 7–21 所示）。因接入 500kV 电网的电厂较少，依靠 PSS 稳定装置，暂态功角约维持 7s 后才恢复稳定。

3. 分析结论

综上分析，5133/5134 线 *N*–2 故障后，系统能确保电网的暂态稳定。

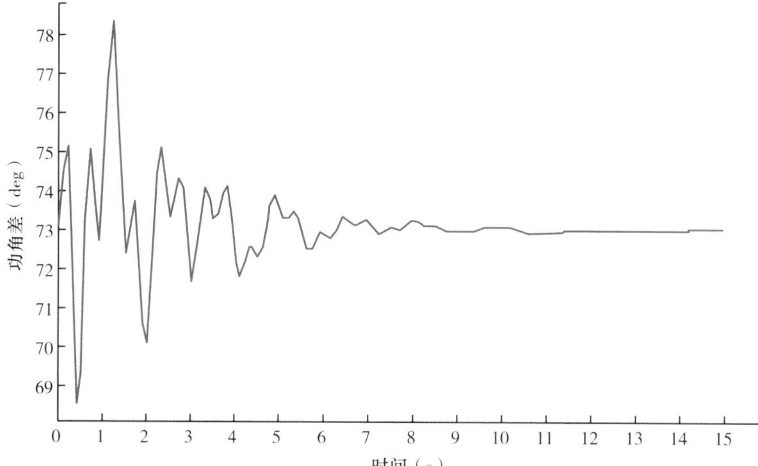

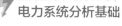

图 7-20　5133/5134 线 N-2 故障，发电机功角差最大时刻机组的功角曲线

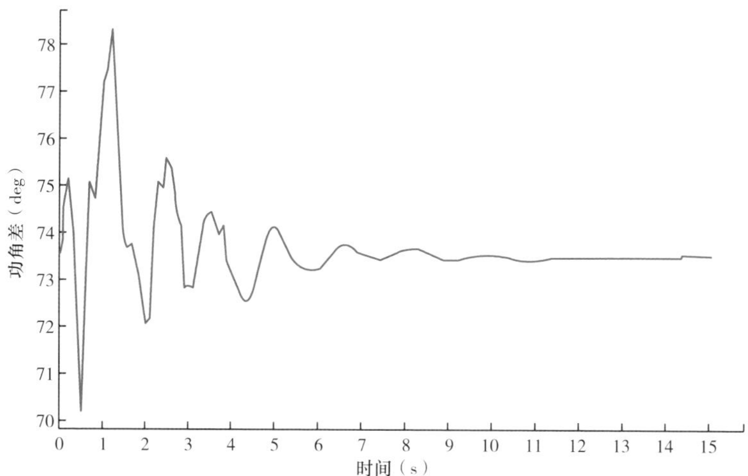

图 7-21　5133/5134 线 N-2 故障，发电机最大和最小绝对角度的机组间功角差曲线

小结

电力系统中众多同步发电机并联在一起运行，其正常运行的必要条件，是所有同步发电机必须同步的运转，即具有相同的电角速度。电力系统稳定性通常是指，电力系统受到微小或大的扰动后，所有的同步电机能否继续保持同步运行的问题。

在电力系统的规划设计和实际运行中，都必须进行稳定性校验，在不满足要求时，应采取必要的措施，确保系统符合 GB 38755—2019《电力系统安全稳定导则》的相关规定。提高系统稳定性的一般原则是：为了提高静态稳定，应尽可能地提高电力系统功率极限和抑制自发振荡；为了提高暂态稳定，应尽可能减小发电机受大扰动后转子相对运动的振荡幅度。掌握每一种措施对静态稳定和暂态稳定的作用具有现实意义。

一般来说，提高静态稳定的措施对改善暂态稳定都会有益处；凡是在系统受到大扰动后才投入或才能起作用的措施，都是仅对提高暂态稳定有效。实际电力系统的结构复杂，对于大电网中系统的稳定性，需要借助计算软件对实际电网运行方式的可行性进行仿真分析校验。

各级调度机构在年底需编制下一年度的电网运行方式。电网运行方式除了分析电网的暂态稳定、静态稳定等问题以外，还要进行 N−1 静态安全分析和系统的安全约束条件。电网运行方式，电网内的厂站主接线方式，各电网间的联网及联络线传输功率的控制，各种负荷情况下电网的运行特性等，共同构成了电网的年度运行方式。除此之外，针对迎峰度夏、春秋季检修期和重要保电时期，应做好事故预想。事故预想应包括N–1静态安全分析、电网输电断面功率限额和电力系统稳定性相关内容，从而确保电网安全稳定运行。

习题与思考题

7-1　什么是电力系统的稳定运行？电力系统稳定共分几类，具体含义是什么？

7-2　提高系统暂态稳定的措施有哪些？

7-3　采用单相重合闸为什么可以提高暂态稳定性？

7-4　保证和提高电力系统静态稳定的措施有哪些？

7-5　什么是 N-1 原则？

参考文献

[1] 何仰赞，温增银 . 电力系统分析 [M]. 4 版 . 武汉：华中科技大学出版社，2016.

[2] Prabha Kundur. 电力系统稳定与控制 [M]. 北京：中国电力出版社，2002.

[3] 国网上海市电力公司 . 电网调控运行专业实用手册 [M]. 北京：中国电力出版社，2017.

[4] 李兴源 . 高压直流输电运行及控制 [M]. 北京：科学出版社，1998.

[5] 国家电网公司人力资源部 . 电网调度 [M]. 北京：中国电力出版社，2010.

[6] 陈怡 . 电力系统分析 [M]. 2 版 . 北京：中国电力出版社，2018.

[7] 卢文鹏 . 发电厂变电站电气设备 [M]. 3 版 . 北京：中国电力出版社，2016.

[8] 国家电力调度控制中心 . 电网调控运行人员实用手册（2018 版）[M]. 北京：中国电力出版社，2019.

[9] 水利电力部西北设计院 . 电力工程电气设计手册（电气一次部分）[M]. 北京：中国电力出版社，1991.

[10] 电力工业部电力规划设计总院 . 电力系统设计手册 [M]. 北京：中国电力出版社，1998.

[11] 陈珩 . 电力系统稳态分析 [M]. 3 版 . 北京：中国电力出版社，2007.

[12] 李光琦 . 电力系统暂态分析 [M]. 3 版 . 北京：中国电力出版社，2012.

[13] 国家电网公司人力资源部 . 电力系统（分析）[M]. 北京：中国电力出版社，2010.

[14] 张征 . 电压控制方法及上海电网 AVC 的几点建议 [J] . 上海电力，2008（2）：171-173.

[15] 沈曙明 . 变电站电压及无功综合自动控制的实现与探讨 [J]. 华东电力，2000（10）：35-36.

[16] 程一鸣，赵志辉，王天华 . 城市 110kV 高压配电网接线方式研究 [J]. 电网技术，2008，32（S3）：113-115.

[17] 杨晓东，石建，林章岁 . 福建 220kV 电网典型接线模式选优分析及应用建议 [C]. 2009 年中国电机工程学会年会论文集，2009（6）：1-4.

[18] 刘振亚 . 特高压交直流电网 [M]. 北京：中国电力出版社，2013.

[19]《中国电力规划》编写组 . 中国电力规划（电网卷）[M]. 北京：中国水利水电出版社，2007.

[20] Huawei.5G network slicing enabling the smart grid[EB/OL].（2018-10）. http：//www-file.huawei.com/-/media/CORPO-RATE/PDF/News/5g-network-slicing-enabling-the-smart-grid.pdf.

[21] 闪鑫，等 . 人工智能应用于电网调控的关键技术分析 [J]. 电力系统自动化，2019，43（1）：49-57.

[22] 谢晓文，刘洪 . 中压配电网接线模式综合比较 [J]. 电力系统自动化学报，2009，21（4）：94-98.

[23] 阮前途 . 上海电网短路电流控制的现状与对策 [J]. 电网技术，2005，29（1）：78-83.

[24] 阮前途，谢伟，张征，等 . 钻石型配电网升级改造研究与实践 [J]. 中国电力，2020，6（11）：5-11、67.

[25] 孙玉娇，孙英云，梅生伟，等 . HAGC 及上海电网应用 [J]. 电力自动化设备，2009，01（29）：138-142.

[26] 王锡凡，等 . 现代电力系统分析 [M]. 北京：科学出版社，2003.

[27] 韩祯祥，等 . 电力系统分析 [M]. 杭州：浙江大学出版社，1993.

[28] 俞旭峰，王伟，凌晓波，等 . 应用 STATCOM、SVC 提高上海电网的电压稳定 [J] . 华东电力，2005（5）：29–32.

[29] 唐跃中，邵志奇，郭创新，等 . 数字化电网概念研究 [J]. 中国电力，2009（4）：75–78.

[30] 阮前途，谢伟，许寅，等 . 韧性电网的概念与关键特征 [J]. 中国电机工程学报，2020：1–12.